Maîtrise de la production du kombucha à partir du thé noir

Emna Ben Saâd

Maîtrise de la production du kombucha à partir du thé noir

Le starter de la fermentation est composé de cultures pures

Éditions universitaires européennes

Impressum / Mentions légales
Bibliografische Information der Deutschen Nationalbibliothek: Die Deutsche
Nationalbibliothek verzeichnet diese Publikation in der Deutschen
Nationalbibliografie; detaillierte bibliografische Daten sind im Internet über
http://dnb.d-nb.de abrufbar.
Alle in diesem Buch genannten Marken und Produktnamen unterliegen
warenzeichen-, marken- oder patentrechtlichem Schutz bzw. sind
Warenzeichen oder eingetragene Warenzeichen der jeweiligen Inhaber. Die
Wiedergabe von Marken, Produktnamen, Gebrauchsnamen, Handelsnamen,
Warenbezeichnungen u.s.w. in diesem Werk berechtigt auch ohne besondere
Kennzeichnung nicht zu der Annahme, dass solche Namen im Sinne der
Warenzeichen- und Markenschutzgesetzgebung als frei zu betrachten wären
und daher von jedermann benutzt werden dürften.

Information bibliographique publiée par la Deutsche Nationalbibliothek: La
Deutsche Nationalbibliothek inscrit cette publication à la Deutsche
Nationalbibliografie; des données bibliographiques détaillées sont
disponibles sur internet à l'adresse http://dnb.d-nb.de.
Toutes marques et noms de produits mentionnés dans ce livre demeurent
sous la protection des marques, des marques déposées et des brevets, et sont
des marques ou des marques déposées de leurs détenteurs respectifs.
L'utilisation des marques, noms de produits, noms communs, noms
commerciaux, descriptions de produits, etc, même sans qu'ils soient
mentionnés de façon particulière dans ce livre ne signifie en aucune façon
que ces noms peuvent être utilisés sans restriction à l'égard de la législation
pour la protection des marques et des marques déposées et pourraient donc
être utilisés par quiconque.

Coverbild / Photo de couverture: www.ingimage.com

Verlag / Editeur:
Éditions universitaires européennes
ist ein Imprint der / est une marque déposée de
OmniScriptum GmbH & Co. KG
Heinrich-Böcking-Str. 6-8, 66121 Saarbrücken, Deutschland / Allemagne
Email: info@editions-ue.com

Herstellung: siehe letzte Seite /
Impression: voir la dernière page
ISBN: 978-3-8417-4843-0

Dédicaces

A mes adorables mères

Mon cher père et mon trésor

Pour l'amour qu'ils m'ont toujours porté, pour leur persévérance,

Pour leur aide et encouragement permanents, y compris dans les moments de découragement et de doute,

C'est à vous que je dois tout. Vous êtes dépensés pour moi.

En reconnaissance de tous les sacrifices consentis par tous et chacun pour me permettre d'atteindre cette étape de ma vie,

Que ce travail soit le témoignage de mon profond respect et ma gratitude,

A mes amis, qu'ils trouvent ici l'expression de mon dévouement pour leur soutien

A toutes les belles rencontres tout au long de ma vie studieuse, A ceux qui me sont chers et qui me l'ont été

Je dédie ce travail

Mamani

Remerciements

Au terme de ce travail, je remercie tous ceux qui ont participé de prés ou de loin à l'élaboration de mon projet de fin d'études dans les meilleures conditions.

On dit toujours que le trajet est aussi important que la destination, C'est pour ça que je tiens à remercier en premier lieu Les enseignants de l'INSAT à qui je dois ma formation et qu'ils soient assurés de ma sincère gratitude.

J'exprime mes vifs remerciements à mes encadrants au Pr. Mokthar HAMDI de bien vouloir m'encadrer, à Mme Lina KALLEL pour l'effort fourni, ses conseils prodigués, sa patience et sa préservence dans le suivi et à Mr Mohamed BOUSSAADA de m'avoir accueilli dans son entreprise.

Ma gratitude s'adresse également à l'équipe du laboratoire LETMI pour leur accueil chaleureux ainsi que leur disponibilité.

Je remercie très sincèrement, les membres de jury d'avoir bien voulu accepter de faire partie de la commission d'examinateur.

Liste des abréviations

m = masse

g= gramme

mg= milligramme

v= volume

R= radical

C= carbone

H= hydrogène

O=oxygène

EC= Epicatechine

EGC= Epigallocatechine

ECG= Epicatechine gallate

EGCG= Epigallocatechine gallate

TR= Thérubigine

TF= Théflavine

Fe= fer

Mg= Magnésium

Mn=Manganèse

DPPH=2,2-diphenyl-1-picryl-hydrazyl

ABTS= acide 3-ethylbenzothiazoline-6-sulphonique

ADH= Alcool déshydrogénase

ALDH= Aldéhyde déshydrogénase

pH= Potentiel hydrogen

h= heure

J= jour

GY= Glucose et extrait de levure

°C= degré Celcius

L= Litre

ml= millilitre

µl= microlitre

M= molaire (mole/L)

cm= centimètre

mm= millimètre

nm= nanomètre

DO= Densité optique

min= minute

tr/min= tour par minute

°Brix= degré Brix

NaOH= hydroxyde de sodium

PTM=pression transmembranaire

KPa= kiloPasacal

Liste des tableaux

Liste des figures

Sommaire

Introduction générale

Dès l'antiquité, la nourriture influence la santé humaine et la relation étroite aliment et santé ne cesse pas d'évoluer avec l'histoire de l'Homme.

Le marché émergent des aliments et des boissons fermentés regagne un grand élan dans l'alimentation mondiale grâce aux effets biologiques et thérapeutiques sur les fonctions physiologiques qu'ils présentent en plus de la flaveur, l'odeur et la couleur résultants de la fermentation.

Ces produits sont des promoteurs du bien être grâce à leur richesse en flore saprophyte et en métabolites. Ils font partie des aliments fonctionnels répondants à des objectifs de santé.
Dans le même contexte, l'industrie agro-alimentaire a créé des différents néologismes : « alicament », né de la contraction entre "aliment" et" médicament" ou encore le terme d' "aliments santé", " nutraceutique" ou " nutriceutique ".Ce concept a été défini comme "tout aliment ou partie d'aliment qui procure une amélioration préventive ou curative de la santé".

Les produits diététiques naturels sont en plein essor en Tunisie. Depuis quelques années, ce marché prend une place discrète mais grandissante. Parmi ces produits, on cite le thé Kombucha, qui est une boisson fermentée par une symbiose de bactéries et de levures. Ce breuvage à base du thé noir ou vert est acidulé et pétillant. Seule la société « KSAR PRODUCTION » le commercialise en Tunisie.

Toutefois, le procédé adapté par cette société est classique, se déroule dans des conditions statiques en utilisant un inoculum nommé communément SCOBY[1] comme starter. Ce qui influence la qualité du produit fini qui est tributaire de la saison, de l'état physiologique des souches du SCOBY et de la susceptibilité de croiser une contamination par des moisissures.

---

[1] SCOBY : culture symbiotique de bactérie et de levure

1

Face à ces contraintes, introduire certains aspects technologiques au procédé peut présenter une alternative à avoir une qualité reproductible du produit et qui satisfait les exigences du consommateur.

On propose de maitriser la production du thé kombucha dans des conditions industrielles contrôlées à l'échelle laboratoire dans un réacteur de 1 L et à l'échelle pilote dans un réacteur de 10L.
L'introduction de l'aération, de l'agitation et le maintient d'une température optimale au procédé stimulent l'activité de la flore impliquée dans la fabrication du thé kombucha.

Cette flore peut être maîtrisée à son tour en effectuant un screening des souches ayant le potentiel technologique le plus important, tel qu'une production maximale d'un métabolite, une activité biologique remarquable ou une libération d'un arome souhaitable.

Les souches sélectionnées pour ce travail servent de starter pour inoculer l'infusion du thé noir et conduire une fermentation du thé kombucha en batch dans des conditions aérées et agitées et à température contrôlée.

Un suivi permet d'évaluer l'effet du scale up sur la productivité et l'état physiologique des souches sélectionnées.
Une fois la production est achevée, le starter est conservé jusqu'à utilisation ultérieur et le jus de   fermentation   est   clarifié   et   stabilisé   microbiologiquement.

Partie A : Etude bibliographique

Le Kombucha consiste à une boisson fermentée à base du thé noir. Ce thé Kombucha est riche en éléments nutritifs qui lui confèrent des effets thérapeutiques importants.

1. Le thé :

Le thé est issu d'un arbre poussant en climat tropical du fait du besoin en alternance des pluies abondantes et du bon ensoleillement. Les constituants majeurs sont les polyphénols qui se trouvent en plus grande quantité à l'extrémité des tiges. Ils représentent une teneur de 30% (m/m) de la matière sèche [1].

L'usinage du thé s'intéresse au développement de son arôme et commercialise le thé sur différentes formes (thé noir, thé vert, thé oolong, thé blanc, thé fumé, thé pu-erh, la yerba maté [2-3].

Actuellement, le thé est la boisson la plus consommée dans le monde après l'eau [4].Le thé noir, l'objet de ce travail, diffère du thé vert par le traitement des feuilles récoltées comme le montre la figure 1.

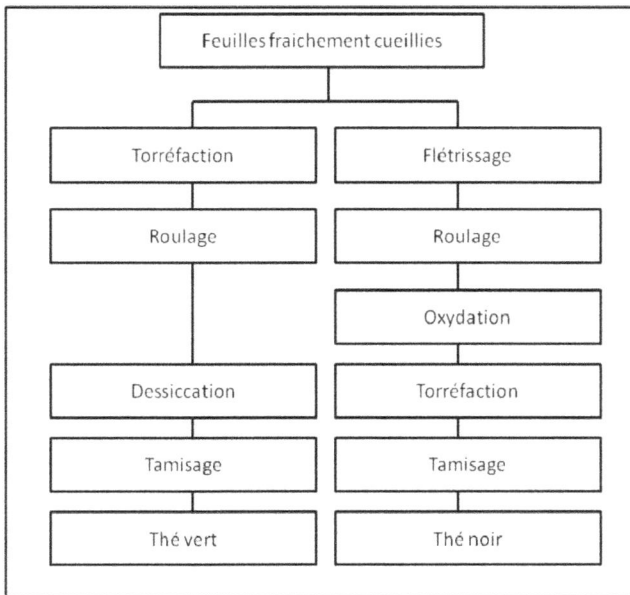

Figure 1:Principales étapes du traitement des feuilles de théier après récolte [5]

1.1.   Composition

La composition du thé est variable en fonction de l'espèce, des conditions de culture et de récolte (la saison de récolte, l'âge des feuilles, le climat et les pratiques d'horticulture) [1].

Les polyphénols, les principaux composés du thé, se présentent sous formes de flavonoïdes [6].

1.1.1.   Les flavonoïdes :

Il existe plusieurs classes de flavonoïdes dont les plus importants sont les flavanols, les flavonols, les flavones, les glycosides, les anthocyanes, les chalcones, les aurones [7-8]. La structure de base des flavonoïdes est de 3 cycles benzoïques, deux cycles en C6 et un central de C5.Les principaux flavonoïdes dans le thé sont les flavanols nommés aussi les catéchines, ayant la structure chimique illustrée par la figure 2. Parmi ces polyphénols, on trouve l'epicatechine (EC), l'epicatechine gallate (ECG), epigallocatechine (EGC), l'epigallocatechine gallate (EGCG) et les théflavines (TF) qui ont des activités biologiques importantes [9].

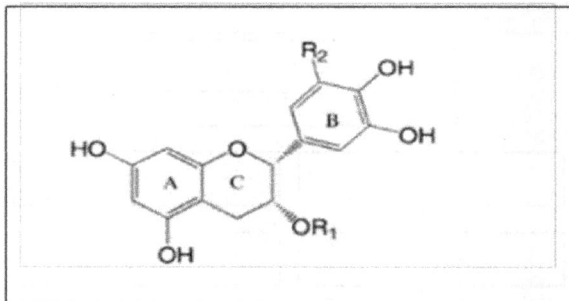

Figure 2: Structures chimiques des différents types des catéchines [10]

(EGC Epicatechine (EC) : R1=R2=H ; **Epigallocatechine)** : R1=H et R2=OH ; **Epicatechine-3-gallate (ECG)**: R1=Galloyle et R2=H ; **Epigallocatechine-3-gallate (EGCG)** : R1=Galloyl et R2=OH

La principale différence entre les deux thés vert et noir réside dans la teneur en catéchines, le thé vert renferme de 30 à 42% (m/m) de la masse sèche. Alors que le thé noir renferme de 3 à 10% (m/m) [10].

En fait, les catéchines du thé noir subissent une fermentation par oxydation enzymatique. Les enzymes impliqués, les polyphénols oxydases et les polyphénols peroxydases, sont endogènes du thé. La réaction donne lieu à la formation des bisflavanols, des théflavines (TF) et des thérubigines (TR) responsables de la couleur et de l'arôme des thés noirs fermentés [11] et dont les structures chimiques sont présentées par la figure 3.

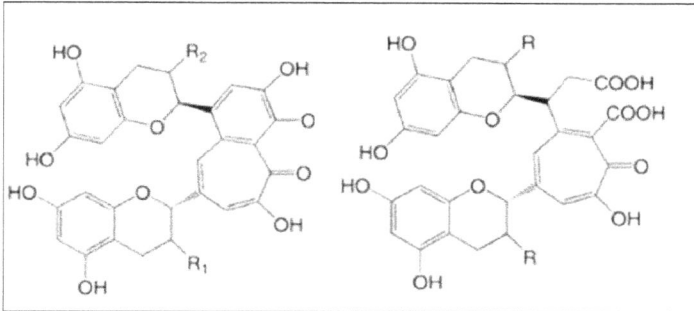

Figure 3: Structures chimiques des (TF) (à gauche) et des (TR) (à droite du thé noir) [11]

<u>Les radicaux du théflavines</u> :**TF** : <u>R1</u>=R2=OH ; **Théflavine-3-gallate** : <u>R1</u>=Galloyle et <u>R2</u>=OH ; **Théflavine-3-3'-bigallate** : <u>R1</u>=R2=Galloyl et <u>le radical du TR</u> : <u>R</u>=Galloyle ou d'autres groupes

1.1.2.   Les alcaloïdes

Le thé renferme 3 et 5% (m/m) de la caféine (voir figure 4) dans l'extrait sec. L'effet excitant du thé est induit par la caféine. La théophylline et la théobromine, d'autres alcaloïdes contenus dans le thé, sont moins excitants que la caféine mais plus diurétiques [10].La différence en teneur dans le thé noir et le thé vert est illustré pat le Tableau I.

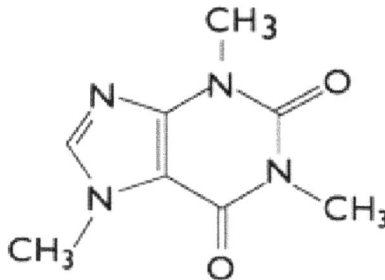

Figure 4: Structure chimique de la caféine [10]

Tableau I: Variation de teneur en polyphénols et en caféines dans le thé vert et noir [12]

		Concentration (mg/100g de matière sèche du thé)	
		Thé vert	Thé noir
Flavonoïdes	EC	811.72	255.19
	ECG	1491.29	688.27
	EGC	2057.98	956.81
	EGCG	7115.98	1121.92
	C	75.12	137.82
	GC	258.11	91.73
	TF	1.64	159.20
	TR	131.91	5919
Alcaloïdes	Caféine	6-14	20-26

Autres composés:

Les tanins, des polyphénols à haut poids moléculaires, donnent leur amertume et leur astringence au thé, ainsi qu'une protection de la vitamine C. Les tanins sont des chélatants des minéraux (Fe, Mg et Mn) [13].

Le thé comprend de l'huile essentielle, des saponines, des acides aminés, des multi-minéraux [13-14]. Certaines vitamines sont apportées significativement par le thé telles que les vitamines B2, PP, E, K et provitamines A [14].

1.2.   Propriétés biologiques du thé :

La richesse du thé en polyphénols lui confère une activité antioxydante [14]. Ces agents antioxydants fixent et piègent les radicaux libres.

Afin d'évaluer cette activité, plusieurs méthodes peuvent être utilisées en fonction des radicaux libres à piéger, comme le montre le tableau II.

Tableau II: Méthodes utilisées pour le piégeage des radicaux libres

Radicaux libres	Méthode de dosage	Références
peroxydes R-OO	La capacité d'absorbance du radical O_2 : ORAC La capacité du piégeage des radicaux libres totaux : TRAP	[15]
les ions ferriques	La réduction des ions ferriques: FRAP	[16]
Les radicaux hydroxyles -OH	La réduction du radical cationique ABTS	[17]
	La réduction du radical cationique DPPH	[18]

Une activité antioxydante permet de lutter à l'encontre des effets du stress oxydatif en supprimant ou dénaturant les radicaux libres responsables des dommages tissulaires, du vieillissement, et de certaines pathologies telles que les maladies cardiovasculaires et certains types de cancer [19-20].

Les flavonoïdes inhibent les enzymes endogènes causant l'asthme et ont une action anti-inflammatoire [22].

Les maladies hépatiques, les maladies neurologiques, certaines maladies virales et les diabètes peuvent être atténués par certains flavonoïdes du thé [23, 24, 25].

2. Le thé kombucha :

Le kombucha est une boisson fermentée à base de thé. Le thé devient acidulé et fermenté sous l'action des micro-organismes, levures et bactéries acétiques, agissant d'une manière symbiotique. La boisson est formée d'un jus de fermentation et d'une couche solide de cellulose qui surnage la fraction liquide.

La consommation de la boisson remonte à des siècles. Dr. Kombu l'a utilisé pour une première fois en 202 av. J-C pour traiter les troubles digestives de l'empereur et l'a apporté, en 414 av. J-C, de Manchuria à l'Est de chine. Ensuite la production de kombucha s'est propagée partant de la Corée, du japon et de l'Inde jusqu'aux pays de l'Europe de l'Est en passant par la Russie [26]. Grâce à ses effets biologiques, elle a eu un grand essor en tant que remède naturel.

On retrouve généralement l'appellation « champignons du thé » par abus de langage, mais il y a d'autres dénominations résumées par le tableau III.

Tableau III: Différentes dénominations du kombucha dans le monde [21]

Langue	Nom de la culture	Nom de la boisson
Néerlandais	Thee-Schimel	Theebier, Kombucha-drank
Anglais	Kombucha, tea Fungus, Manchurian Mushroom	Tea Cider, Tea Beer, Kmobucha
Français	Champignon de longue vie, combucha	Elixir de longue vie
Allemand	Indischer Teepilz, Gichtqualle	Kombuchagetrank, Teekvass, Teemost
Russe	Japonski grib, Sakvasska	Cainii Kvass

2.1.   Principales activités biologiques du thé kombucha :

Des études ont prouvé que la boisson est consommée pour ses vertus sur la santé humaine. Plusieurs effets thérapeutiques y ont été attribués du fait de sa richesse en polyphénols qui sont dotés d'une activité antioxydante [14].

2.1.1.   Activité anticancéreuse :

Le thé kombucha s'est révélé intéressant dans le traitement du cancer [27-28]. Des études ont montré une efficacité contre plusieurs types de cancer [29-30] y compris le cancer de prostate [31]. La consommation quotidienne du Kombucha a été en corrélation avec une résistance au cancer en améliorant les défenses du système immunitaire et en stimulant la production des interférons procurant ainsi une détoxification [22].

Chez les patients atteints du cancer, le pH sanguin dépasse 7.56. Le Kombucha a un effet régulateur de ce pH sanguin et peut le rééquilibrer [32].

2.1.2.   Activité antimicrobienne :

Le kombucha a une activité antibactérienne contre les germes gram positifs responsables des intoxications alimentaires comme *Bacillus cereus* et *Staphylococcus aureus* et les germes gram négatifs tels que *Salmonella typhimurium*, *Shigella sonnei* , *Shigella sonnei* et *Escherichia Coli* [33] et même contre *Helicobacter pylori*, qui est une bactérie gram négative responsable de l'ulcère gastroduodénal [34] .Cette activité antibactérienne serait attribuée à la production de l'acide acétique qui a une action bactéristatique ou bactériocide selon la concentration [35].

Par ailleurs, la boisson possède une activité antifongique contre plusieurs champignons comme *Candida* [33-36]. L'acide acétique produit durant la fermentation peut inhiber la croissance de certains champignons du genre *Candida* : *C.albicans*,   *C.glabrata*, *C. parapsilosis*, *C. tropicalis*, *C. sake*, *C. dubliniensis*, *C. krusei*, *C.albicans* [30-33]

2.1.3.   Autres bienfaits sur la santé :

Le kombucha a des propriétés détoxifiantes pour éliminer les toxines du corps, la capacité d'améliorer la circulation sanguine et urinaire, de renforcer le système immunitaire et de réduire les douleurs au niveau des articulations [37].Il a été affirmé que le thé Kombucha a un pouvoir atténuant l'asthme, la cataracte, le diabète, la diarrhée, la goutte, l'herpès, l'insomnie et les rhumatismes. Le Kombucha peut de même enlever les rides, soulager les hémorroïdes [38-39]. La prévention de l'effet du paracétamol induisant l'hepatotoxicité par le kombucha a été prouvée [40].

Entre autre, la cellulose peut servir pour des fins médicales comme des tissus temporaires pour substituer les tissus brûlés et endommagés [41].

2.2.   Composition biochimique de la kombucha

Il s'agit d'une boisson pétillante à base du thé sucré dont la production est assurée par la symbiose des levures et des bactéries acétiques adhérée à la pellicule de cellulose. Ce support flottant assure un contact avec l'oxygène atmosphérique et confère l'aération nécessaire aux souches impliquées dans la production du kombucha [42].

2.2.1.   Principales voies métaboliques :

La complexité de la composition provient de la diversité de la flore microbienne qui se trouve et de l'aérobiose, ce qui instaure deux environnements pour deux voies métaboliques. Une fermentation alcoolique et une autre réaction oxydative sont à la base de la production du kombucha.

2.2.1.1.   Le métabolisme fermentaire

Les levures hydrolysent les disaccharides en monosaccharides par une enzyme invertase [43].

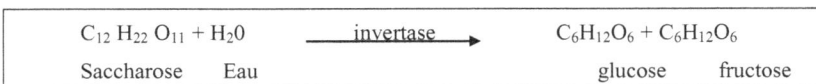

$$C_{12}H_{22}O_{11} + H_2O \xrightarrow{\text{invertase}} C_6H_{12}O_6 + C_6H_{12}O_6$$

Saccharose   Eau   glucose   fructose

Les monosaccharides, le glucose et le fructose sont consommés à la fois par les levures et les bactéries acétiques [42-43]. Dans certains cas, les levures consomment préférentiellement le fructose [22]. Ces monosaccharides sont impliqués dans la fermentation alcoolique résumée par la réaction de Gay-Lussac:

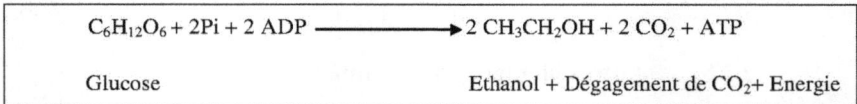

$$C_6H_{12}O_6 + 2Pi + 2\ ADP \longrightarrow 2\ CH_3CH_2OH + 2\ CO_2 + ATP$$

Glucose   Ethanol + Dégagement de CO_2 + Energie

Une fraction du glucose est oxydée aussi, par les bactéries acétiques, afin de produire l'acide gluconique [42].

Le glucose sert, aussi, à produire la cellulose par les bactéries acétiques. La cellulose, dont la structure chimique est illustrée par la figure 5 (b), est un polysaccharide relargué dans le milieu de culture sous forme d'exopolysaccharides EPS présenté par la figure 5 (a).
Ce réseau microbien flottant attache et maintient les cellules microbiennes en suspension [44-45]. Cette cellulose est caractéristique de la boisson obtenue finalement [46].La cellulose bactérienne, diffère de la végétale. Elle est plus pure et cristalline. Elle ne comprend ni de pectine, ni d'hémicelluolose, [47]

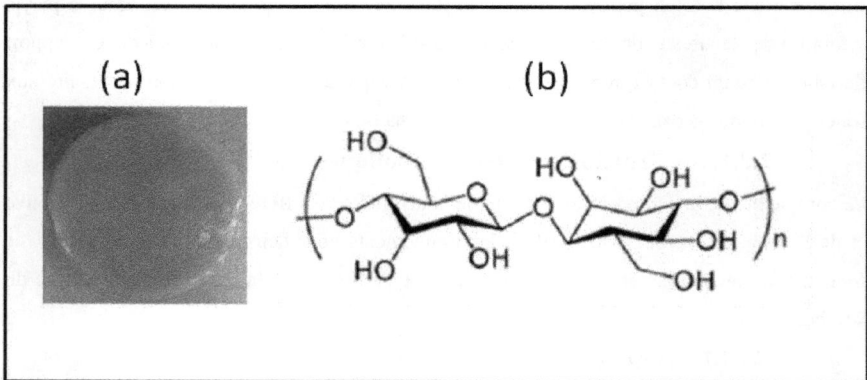

Figure 5: Cellulose bactérienne produite par *Gluconoacetobacter*: (a) aspect ; (b) structure chimique [48-49]

2.2.1.2.   Le métabolisme oxydatif

Les bactéries acétiques interviennent dans l'oxydation de l'éthanol en acétaldéhyde, qui est oxydé par la suite, donnant lieu à l'acide acétique. Une cascade de deux réactions enzymatiques catalysées par l'alcool déshydrogénase ADH et par l'aldéhyde déshydrogénase ALDH, permet l'oxydation de l'éthanol en acide acétique [50].

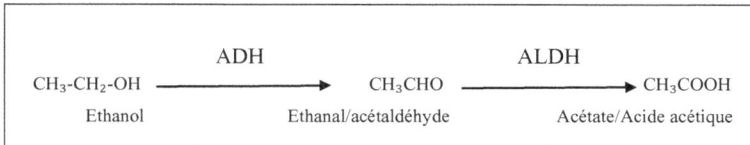

$$
\underset{\text{Ethanol}}{CH_3\text{-}CH_2\text{-}OH} \xrightarrow{\text{ADH}} \underset{\text{Ethanal/acétaldéhyde}}{CH_3CHO} \xrightarrow{\text{ALDH}} \underset{\text{Acétate/Acide acétique}}{CH_3COOH}
$$

2.2.2.   La composition biochimique du kombucha

Les produits issus des différentes voies métaboliques du kombucha dépondent de la flore impliquée dans la fermentation. Leurs teneurs varient d'un kombucha à un autre [42-45-46].

Le thé Kombucha est une boisson riche en acides organiques principalement en acide acétique [43-52] qui constituent des métabolites de la dégradation des sucres (saccharose, fructose, glucose) et de l'éthanol en plus des composés phénoliques du thé que leur teneur augmente avec la production du kombucha. Ces produits préservent le thé des autres micro-organismes contaminants pouvant altérer le produit final [53].

Le produit est composé de deux portions : une pellicule cellulosique flottante et un liquide. L'analyse du liquide fermenté a révélé la présence de l'acide acétique et acide gluconique comme des composés chimiques majoritaires [43] ainsi que d'autres constituants minoritaires tels que l'acide lactique, l'acide formique [54] l'acide glucuronique, l'acide phénolique, des groupes de vitamine B et des enzymes [53-55].

L'acide aminé theanine caractéristique du thé est présent à 50% (m/m) de la teneur en acides aminés [22].

Des acides aminés essentiels : la lysine, l'isoleucine et la leucine ont été révélés, ainsi que d'autres non essentiels tels que : l'acide glutamique, l'alanine, l'acide aspartique et la proline [52].Les sels minéraux sont également présents dans les boissons telles que le sodium, potassium, et le magnesium [53].

2.3.   Composition de la flore microbienne du kombucha

La composition microbiologique exacte de ce breuvage reste toujours dépendante de la source, la manière de la mise en culture et de l'origine géographique [34].

2.3.1.   Les levures

Des multitudes de souches ont été utilisées en symbiose pour former les champignons du thé et ont prouvé une efficacité, citons pour les levures caractéristiques de kombucha: *Schizosaccharomyces pombe, Saccharomyces ludwigii* [34]. *Zygosaccharomyces bailii, Zygosaccharomyces rouxii, Brettanomyces bruxellensis, Brettanomyces lambicus, Brettanomyces custersii* et *Kloeckera apiculata*, [44-54].

Les souches de genre *Brettanomyces* sont les plus réputées dans les isolats de kombucha avec un pourcentage de 56%, selon une étude allemande sur des kombucha commercialisés et d'autres artisanales [55].Elles ont été impliquées dans ce travail parce qu'elles sont responsables de la production des phénols volatiles aromatiques dont le vinylphénols et l'éthylphénol sont les majoritaires. Ces composés sont responsables de l'odeur caractéristique de la boisson [56].

Elle est associée aux produits fermentés voir les vins, les bières, les cidres, le Kombucha et le kefir [57]. La première levure de *Brettanomyces* a été isolée à partir d'une fermentation secondaire d'une vieille bière anglaise par Classen N.H en 1904 [58]. L'appellation de *Brettanomyces* découle de la relation étroite entre les industries britanniques de brassage « Brettano » et les champignons « myces » [58].

2.3.1.1.   Morphologie et structure

Les souches de *Brettanomyces* forment des colonies ayant des morphologies différentes [59]. L'observation microscopique (voir figure 6) montre que la morphologie la plus caractéristique est celle de forme ogivale, des extrémités plates et des cicatrices de bourgeon adjacentes [60].

La taille des levures de genre *Brettanomyces* est variable entre (5-8) x (3-4) μm, et dans des conditions défavorables la taille peut se réduire [61].

Les autres morphologies incluent les formes sphérique, ellipsoïdale, cylindrique, en forme de bateau, et allongée.

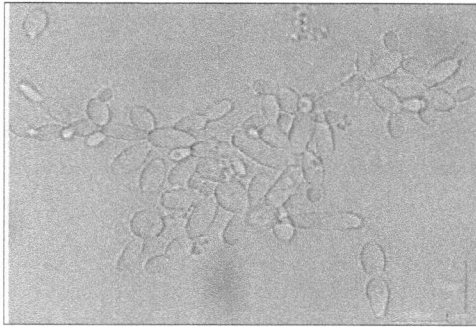

Figure 6:Observation de *Brettanomyces* par un microscope optique (×1000)) [62]

2.3.1.2.   Classification

De point de vue taxonomique, de nombreuses classifications des *Brettanomyces* ont été établies surtout après la révélation de la forme sporogène *Dekkera* en 1964 [63]. La classification, qui détermine les espèces appartenant au genre *Brettanomyces et Dekkera*, comprend *Brettanomyces custersianus*, *Brettanomyces naardenensis*, *Brettanomyces nanus*, *Brettanomyces anomalus* et *Brettanomyces bruxellensis* [64].

2.3.1.3.   Besoin nutritionnels et facteurs limitants

Les levures de genre *Brettanomyces* ont besoin d'une source de carbone qui peut être des monosaccharides tels que le glucose, le fructose, le galactose. Le fructose peut être dans certains cas consommé préférentiellement par les levures [24].La fermentation du glucose est assez forte, par contre, le saccharose est fermenté plus lentement. La fermentation du galactose et du maltose est encore plus lente [65].

D'autres sucres tels que l'arabinose, le lactose et le raffinose ne favorisent pas la croissance des souches. Les sucres alcooliques, ayant des ramifications par des groupes hydroxyles, (glycérol, adonitol et mannitol) inhibent la croissance [66].L'acide acétique à une teneur < 3% (m/v) peut être utilisé comme une seule source carbonée [67].

L'azote stimule l'activité fermentaire des levures. Les sources d'azote utilisées par la plupart des souches de *Brettanomyces* sont minérales ou organiques et peuvent inclure l'ammonium, la proline, l'arginine et le nitrate de potassium [68].

Le sulfate d'ammonium, une source d'azote, à une concentration dépassant 2g/L, affecte significativement la croissance, la production d'éthanol et la consommation de glucose par *Brettanomyces bruxellensis*. [69]

Le phosphore est nécessaire pour la croissance et la fermentation de la levure. Il maintenant l'intégrité de leur paroi. Il est apporté par des éléments naturels ou par l'extrait de levure synthétique [70].

Les vitamines, la biotine et la thiamine sont recommandées aussi pour leur croissance mais en très petites quantités pour ne pas perturber la physiologie cellulaire et la vitesse de croissance des levures [66].

2.3.1.4. Voies métaboliques

Différents facteurs sont responsables de l'activation des voies métaboliques de la levure, tels que le patrimoine génétique et les facteurs physicochimiques voir la température, le pH, l'aération, la présence d'inhibiteurs ou leur formation au cours du métabolisme.

La première étape de transformation du monosaccharide le glucose suit la voie d'Embden Meyerhof Parnas (EMP) aussi appelée glycolyse. Cette étape qui se déroule dans le cytosol est commune pour la respiration et la fermentation.

2.3.1.5. La respiration

La voie respiratoire est activée en présence d'oxygène comme accepteur final des électrons. Le pyruvate issu de la glycolyse se transforme en acétyl-CoA qui est impliquée dans le cycle de Krebs. La chaine respiratoire est activée et le bilan aérobie théorique est :

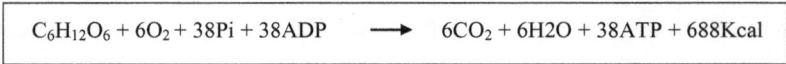

$$C_6H_{12}O_6 + 6O_2 + 38Pi + 38ADP \longrightarrow 6CO_2 + 6H2O + 38ATP + 688Kcal$$

2.3.1.6. La fermentation

Au cours de ce type de métabolisme, les accepteurs finaux sont organiques. Ces accepteurs peuvent être des molécules de pyruvate ou de ces dérivés et la fermentation aboutit à une formation des acides organiques, des alcools et des gaz qui se trouveront dans le milieu de culture. Le bilan anaérobie théorique :

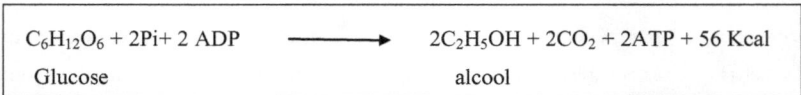

$$C_6H_{12}O_6 + 2Pi + 2\ ADP \longrightarrow 2C_2H_5OH + 2CO_2 + 2ATP + 56\ Kcal$$

Glucose   alcool

Même en présence d'oxygène, une concentration en glucose en excès (jusqu'à 150 g/L) dans le milieu réactionnel peut favoriser la fermentation alcoolique. Le glucose excessif réprime la voie respiratoire et oriente le métabolisme vers la fermentation [72]. C'est l'effet Crabtree.

L'hydrolyse de ce glucose engendre une accumulation des produits de la glycolyse : des pyruvates et des Fructose 1,6-biphosphate dans le cytoplasme [73] Face à cette déficience de la respiration cellulaire, les levures dégradent les produits cumulés par les voies fermentaires et produisent de l'éthanol. Ces levures susceptibles de s'adapter à ces nouvelles conditions métaboliques sont appelées « Crabtree positives » [74].

Dans d'autres conditions en présence d'oxygène mais avec des faibles concentrations de sucres, le métabolisme favorise la croissance en biomasse et réduisent la production d'éthanol. D'où stimuler la respiration au dépend de la fermentation, c'est l'effet Pasteur [75].

2.3.2.   Les bactéries acétiques

Pour les bactéries acétiques les souches suivantes peuvent être utilisées afin de produire le thé kombucha *Acetobacter xylinum*, *Acetobacter xylinoides*, *Bacterium gluconicum* [50], *Acetobacter aceti,* et *Acetobacter pasteurianus* [75].

Les bactéries acétiques de genre *Gluconacetobacter* sont utilisées comme souches représentatives des bactéries acétiques. Elles font l'objet de notre travail pour leurs potentiel technologique, elles ont une capacité de produire le maximum d''acide acétique [57].

Ces souches se trouvent dans le vinaigre, le thé kombucha, les cannes à sucres, les cochenilles, les fleurs et les fruits. Ce genre ne présente aucune pathogénicité ni à l'égard de l'homme ni des animaux.

2.3.2.1.   Morphologie et structure

De point de vue morphologique, les colonies sont soit séparées, soit groupées en paire ou en courtes chaines ou même en petits groupes. Leur taille est d'environ 0,4 -1 µm de largeur et de longueur de 0,8à 4,5 µm. Ils sont sous forme ellipsoïdale en forme de tige, droite ou légèrement incurvée. A l'état mobile, elles sont flagellées.

Sur un milieu synthétique solide, les colonies sont pâles, circulaires avec un petit diamètre (<3 mm) et sont convexes et de formes régulières [76].

L'observation microscopique montre qu'il s'agit des bacilles qui peuvent se trouver seules, en pairs, groupées en chaines ou en grappes. La Figure 7 l'illustre.

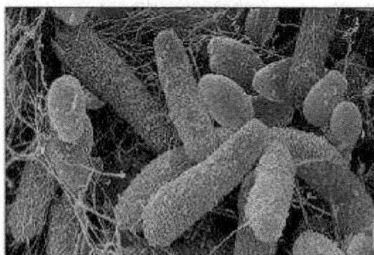

Figure 7: Observation au microscope électronique à balayage du *Gluconoacteobacter* [76]

2.3.2.2.   Classification

Le genre *Gluconacetobacter* diffère de celui *Acetobacter* .Les souches d'*Acetobacter* effectuent une oxydation complète de l'éthanol en acide acétique puis en eau et CO_2. Alors que la voie oxydative des souches du genre *Gluconacetobacter* est incomplète et les souches de ce genre sont incapables d'oxyder l'acide acétique formé par la première voie [77].

Les autres espèces du genre *Gluconacetobacter* sont mentionnées dans ci-dessousTableau IV.

Tableau IV: Classification du genre *Gluconacetobacter* [78]

Genre	Espèces
	Azotocaptans
	Diazotrophicus
	Entanii
	Europaeus
	Hansenii
	Intermedius
Gluconacetobacter	*Johannae*
	Liquefaciens
	Nataicola
	Oboediens
	Rhaeticus
	Sacchari
	Saccharivorans
	Swingsii
	Xylinus

2.3.2.3.   Besoins nutritionnels et facteurs de survie

Les meilleures sources de carbone sont l'éthanol, le glucose et l'acide acétique, cependant une suroxydation de l'acétate est défavorable comme étant une inhibition par le produit. Cette inhibition dépend de la concentration en acétate dans le milieu [79].Le mannitol, le sorbitol, l'érythritol et le glycérol peuvent constituer des sources de carbone [80]. Les hydrates de carbone tels que l'arabinose, le galactose, le mannose et xylose peuvent être consommés [81].

La caféine et ses dérivés (théophylline, théobromine) sont des activateurs pour la production de la cellulose par les bactéries acétiques [82].

Certaines bactéries comme *Gluconacetobacter diazotrophicus* sont des fixatrices d'azote atmosphérique, en absence d'ammonium qui est la source de la plupart des bactéries acétiques [83]. Les acides aminés tels que la glutamine, l'histidine, la proline et le glutamate peuvent fournir l'azote nécessaire à la croissance des acétiques [81].

La température optimale de croissance est de 30°C et pour le pH c'est entre 2,5 et 6.

2.3.2.4.   Voie métabolique oxydatif

Les bactéries de genre *Gluconacetobacter* sont des aérobies stricts, l'O_2 est le seul accepteur final des électrons. L'ADH et l'ALDH, produisant l'acide acétique à partir de l'éthanol, sont situées dans le périplasme du coté interne de la membrane et leurs activités est fonction de la chaine respiratoire [84-85]. Le métabolisme détaillé est résumé par la figure 8.

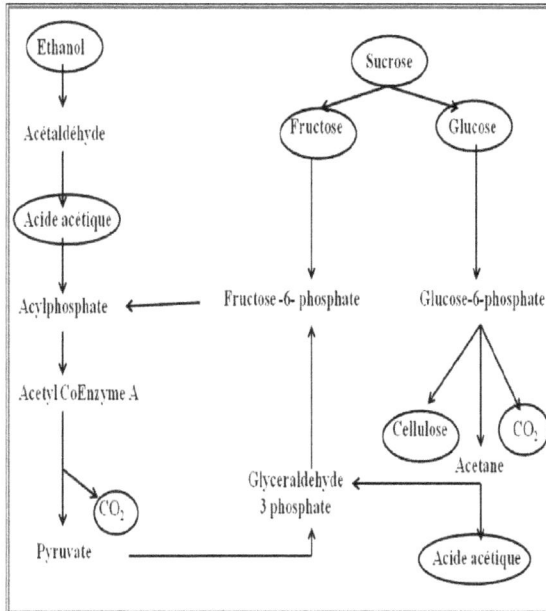

Figure 8: Métabolisme oxydatif des sucres et de l'éthanol par *Gluconacetobacter xylinus* [84]

L'ADH des espèces de genre *Acetobacter* est plus stable en présence d'acide acétique que celles de genre *Gluconobacter*, ce qui explique le fait que les *Acetobacter* sont plus productrices d'acides acétiques [84].Le métabolisme oxydatif chez les bactéries acétiques ne peut avoir lieu qu'en présence de glucose à des teneurs comprises entre 2.7 g/L et 250 g/L dans le milieu de culture [86-87].Cependant il y a rarement des souches tolérantes à des fortes teneurs en   glucose allant à 300 g/L appartenant à l'espèce   *Gluconacetobacter diazotrophicus* [87].Les souches de *Gluconacetobacter* tolèrent un niveau maximum d'acide acétique accumulé compris entre 105 g/L et 210 g/L [87].

3. Production du thé Kombucha

Le procédé de fabrication du kombucha est artisanal et peut se faire à domicile. Une infusion est inoculée en batch par un starter appelé communément SCOBY. Il s'agit d'une culture symbiotique de bactéries et de levures adhéré à une pellicule cellulosique. Ce SCOBY constitue le starter stimulant la production du kombucha à partir du thé. Toutefois, la boisson n'a pas toujours les mêmes caractéristiques en termes de goût, de flaveur et de texture. Cette variation est due à la microflore contenue dans le starter, à la dimension du récipient de fermentation et aux conditions de démarrage de la production (durée de fermentation, pH, taux d'inoculation, concentration du sucre…) .Ces conditions influençantes sont résumés dans le tableau V.

Tableau V: Les conditions du démarrage et de fermentation des différents kombucha

	Conditions expérimentales	Références
Durée de fermentation	14 jours	[90]
	18 jours	[91]
	21 jours	[92]
	28 jours	[93]
	60* jours	[94]
pH	5	[91]
	4.2	[30]
	7	[97]
	6	[93]
Température	22°C	[92]
	22 ±1°C	[93]
	24± 3 °C	[91]
Concentration de l'inoculum	10% - 15% (v/v)	[31-92-93]
Sucres	4.8%(m/v)	[97]
	7% (m/v)	[39]
	10% (m/v)	[91-92-96]

* Fermentation prolongée

3.1. Production artisanale:

La fermentation traditionnelle se fait par inoculation d'une veille culture comprenant le SCOBY dans une infusion fraichement préparé. Le mélange est incubé dans des conditions aérobies statiques pour une durée allant en général d'une à deux semaines [90-91-97].

La préparation et le stockage du kombucha doit se faire dans une cuve non métallique de préférence en verre afin d'éviter toute oxydation du métal par l'acide [88] (voir figure 9).

Figure 9: Production artisanale du kombucha

Une incubation prolongée peut conduire à la production d'une boisson ayant un goût plus proche au vinaigre [41-48].

3.2. Production industrielle

3.2.1. Production au niveau de la société « KSAR PRODUCTION »

C'est à partir de l'année 2012, que KSAR PRODUCTION commercialise le Kombucha. Sous le nom commercial Eternity®, illustré par la figure 10, le kombucha est produit à partir du thé noir et du thé vert.

Figure 10: Thé Kombucha commercialisé par KSAR PRODUCTION à partir du thé vert (à gauche) et à partir du thé noir (à droite)

Le procédé se fait en batch dans des conditions statiques et à température ambiante avec un taux d'inoculation de 9,5% (v/v) par un starter d'une culture précédente en ajoutant une couche de cellulose en entier. La durée de production varie de 9 à 14 jours selon la saison. Le diagramme de production est illustré par la figure 11.

La particularité de ce breuvage est l'acidité et la microflore acétique contenues qui sont capable de préserver la boisson de toute contamination indésirable [89].

Lors de la production du kombucha, des pratiques de salubrité et d'hygiène sont instaurées afin d'assurer un produit de bonne qualité hygiénique, nutritionnelle et hédonique. Toutefois, les conditions sont propres mais non stériles, ce qui constitue un point critique pour une potentielle contamination. Dans certains cas, des moisissures ont été observés et ont altérer la qualité du produit final.

Le produit fini obtenu est une boisson agréablement aigre et légèrement mousseuse avec quelques fibres flottantes de cellulose issues de la flore du kombucha.

Le taux de production mensuel du kombucha par « KSAR PRODUCTION » est de 300L. Ce produit est destiné au marché des produits biologiques et naturels. Et la clientèle cible est celle chercheuse d'alicaments naturels pour une action curative ou préventive et assurer son bien être grâce aux activités biologiques que confère le kombucha à une consommation quotidienne.

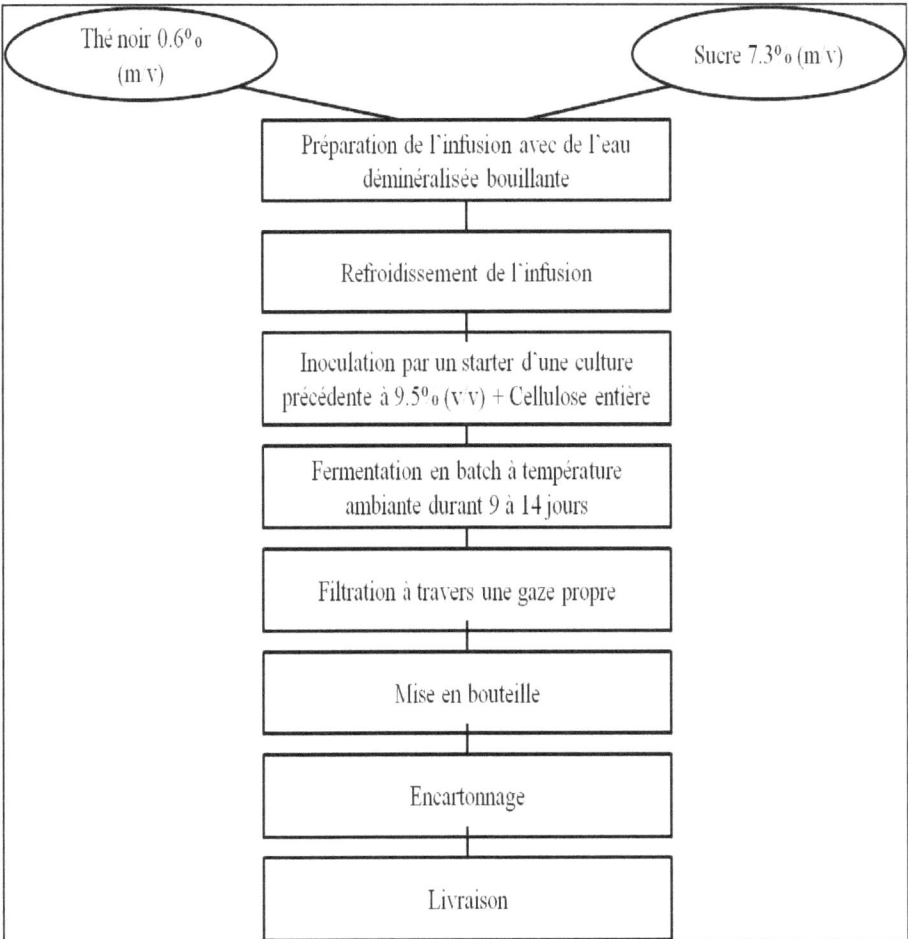

Figure 11: Diagramme de production du kombucha par « KSAR PRODUCTION »

3.2.2.   Production industrielle améliorée

Bien que la production du kombucha ne comprenne pas de multiples étapes, plusieurs aspects technologiques relatifs aux conditions opératoires peuvent être pris en considération lors de l'industrialisation de la production.

3.2.2.1.   Dimensionnement des réacteurs

Un modèle mathématique, suite à une série expérimentale par [98] a été établi pour caractériser la durée et les dimensions du réacteur conduisant à la production d'un kombucha à 4g/L d'acide acétique dans des conditions statiques. Et ce en voie de réussir un scale up allant de 20 L à 100L. Le Tableau VI résume le résultat de cette étude.

Tableau VI: Caractéristiques des bioréacteurs lors du scale up dans des conditions statiques

Durée de la fermentation (jour)	Volume du réacteur (L)	Diamètre (cm)
7		38,2
8		33,9
9	20	30,5
10		27,8
7		60,4
8		53,7
9	50	48,3
10		44
7		85,4
8		75,9
9	100	68,3
10		62,2

Plus le volume du réacteur augmente, plus il est recommandé d'avoir un diamètre plus grand. Un diamètre plus important signifie une surface de contact plus important entre le starter adhéré à la couche cellulosique et l'air atmosphérique .D'où plus le diamètre est important plus la fermentation est rapide.

Les dimensions du réacteur doivent être prises en considération afin d'assurer une aération adéquate au starter .L'aération est un facteur limitant pour les bactéries acétiques catalyseurs de la réaction oxydative productrice d'acétate.

3.2.2.2. Un système submergé

Par analogie à la production du vinaigre à partir de l'éthanol par les bactéries acétiques, un moyen basé sur un système d'acidification submergé est une alternative technologique pour accélérer la transformation de l'éthanol en acide acétique [99] .Ce système améliore les conditions opératoires de la fermentation. Il assure une aération et une agitation fréquentes et un maintien de la température optimale pour la fermentation [100].

Une étude a réduit la durée de production du vinaigre à partir du vin d'une durée de 45 jours à 36h [101].

3.2.2.3. Utilisation des souches pures

Avoir une qualité meilleure est un objectif qui peut être atteint par le screening des souches ayant le plus de potentialité technologique en terme de production de métabolite ou de développement d'arôme.

La production industrielle du kombucha à grande échelle peut être plus contrôlable en utilisant un starter composé de cultures sélectionnées. Ces cultures peuvent être plus maîtrisées du fait de leur nombre moindre, et de la connaissance de leurs exigences nutritionnelles [102].

Généralement, les cultures sélectionnées sont des microorganismes capables d'augmenter le rendement de conversion des substrats en produits et d'améliorer la productivité globale en réduisant la durée du cycle de production [103].

Ces cultures ont la capacité de fixer plus de radicaux hydroxyles qu'un starter classique [102] cette dernière étude [102] a été portée sur un kombucha produit à partir du thé noir durant 10 jours.

Partie B : Matériels et méthodes

1. Matériel biologique :
1.1. Le thé
Le thé noir est utilisé comme milieu pour la culture du kombucha est acheté est de l'Office du Commerce de la Tunisie sous le nom commercial « Le Canari d'or ®».

1.2. Le starter
4 souches de bactéries acétiques et une souche de levure ont été isolées à partir d'un kombucha , purifiées ont servi d'inoculum pour la fermentation du kombucha. Un screening des souches a été réalisé pour choisir les souches selon leurs potentialités technologiques à produire le maximum d'éthanol, d'acide acétique et de cellulose. Les souches choisies pour former le starter sont résumées par le Tableau VII.

Tableau VII : la composition microbiologique

Inoculum	Nom de la souche	Code de la souche
Bactéries acétiques	*Gluconacetobacter xylinus*	K1
		K2
		K3
		K8
	Schizosaccharomyces pombe	C
Levure	*Brettanomyces bruxellensis*	E

2. Conditions de culture du kombucha :
Après décongélation, les souches sont rapidement transférées dans des tubes contenant le milieu synthétique GY (glucose additionné d'extrait de levure) pour les bactéries acétiques et de Sabouraud pour les levures. Après incubation 3 jours à 28°C, les aspects des souches sont résumés par le tableau VIII.

Tableau VIII: Aspects des souches sur milieu synthétique

Sur milieu liquide	
le bouillon synthétique présente un aspect trouble avec un dépôt formé au fond du tube Brettanomyces	Un développement d'un disque de cellulose à la surface atmosphérique est obtenu en plus de l'aspect limpide Gluconacetobacter
Sur milieu solide	
Brettanomyces	Gluconacetobacter
Les colonies sont crémeuses, brillantes et présentant des cellules elliptiques allongées formant des ramifications	Les colonies sont blanches, rondes, lisses, sèches. Il y a eu une formation d'auréoles transparentes suite à la solubilisation du carbonate de calcium $CaCO_3$ par l'acide. Qui est une caractéristique des bactéries acétiques.

Préculture:

Une infusion a été préparée avec 1,2% (m/v) de thé noir. Après infusion pendant 5 min, la préparation est filtrée par la suite avec une gaze. 10%(m/v) de saccharose est ajoutée dans le thé chaud. La préparation ainsi obtenue est refroidie à température ambiante [91].

La préculture, des 4 souches de K et de la souche de E dans l'infusion, se fait dans les mêmes conditions opératoires du fermenteur est présente 10% du volume réactionnel de kombucha à préparer dans un shaker à une vitesse d'agitation de 30 tr/min (voir figure 12).

Figure 12: Une préculture pour un fermenteur de 1 litre

3. Production dans un fermenteur de 1 litre :

3.1.Description du dispositif :

Le dispositif est composé de deux fermenteurs de 1 Litre (deux ti max® de 1L et de 9,5 cm de diamètre), Le montage expérimental du laboratoire est conçu pour assurer une agitation de 30 tr/min et une aération par insufflation d'air grâce aux deux pompes avec un débit de 1.2 L/h et garder une température constante de 28°C maintenue à l'aide des régulateurs de température dans un bain marie tout au long de la durée de fermentation pour les deux fermenteurs comme le montre la Figure 133. L'échantillonnage a été effectué chaque 4h durant les 5 jours.

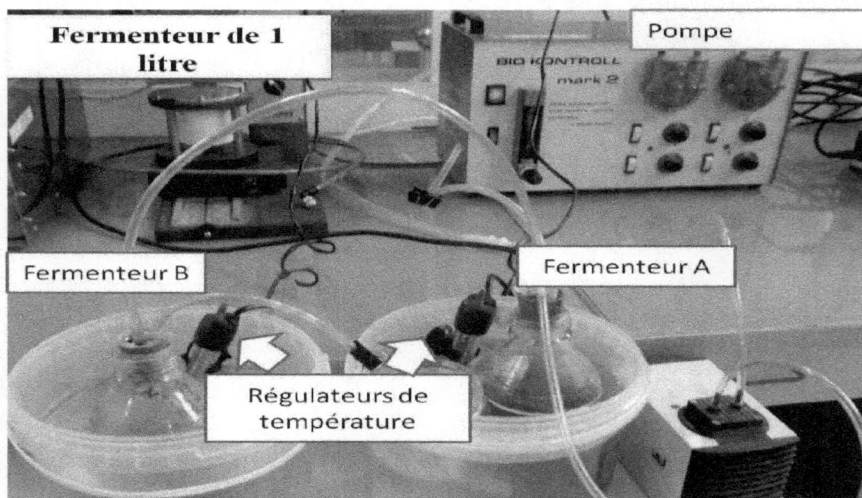

Figure 13: Dispositif experimental du fermenteur de 1 Litre

3.2. Production du thé Kombucha dans un fermenteur de 1 Litre :

Dans chaque fermenteur, une préculture comprenant des souches jeunes présentant 20×10^7 bactéries acétiques et $7,3 \times 10^4$ levures, est introduite. Le taux d'inoculation présente 10% du volume réactionnel.

L'infusion sucrée contient les nutriments nécessaires au développement des levures et des bactéries et à la production du thé Kombucha.

L'aération des deux fermenteurs est assurée par les deux diffuseurs d'air alimentés par les pompes, et une régulation de la pression par la variation du débit permet le maintien d'une quantité d'oxygène suffisante pour satisfaire les besoins de l'inoculum. Et les bains maries maintiennent la température constante à 28°C.

4. Production dans un fermenteur de 10 litres

4.1. Description du pilote :

Le pilote de fermentation (Delta LAB MP320®), comprend une cuve de fermentation de 10 L ayant un diamètre de 46,5 cm, à laquelle sont associés des sondes de pH et de température, le coffret électrique permet de visualiser les valeurs instantanément.

Un compresseur assure l'alimentation de la cuve par l'air comprimé, le débit est régulé par un débitmètre à 1.2 L/h. L'agitation à 30 tr/min est assurée grâce à un moteur agitateur implanté au fond de la cuve afin d'homogénéiser.

L'alimentation de la cuve se fait à travers le trou de poing sur le couvercle de la cuve.

4.2. Production du thé Kombucha dans un fermenteur de 10 Litre :

Le volume réactionnel de la cuve de fermentation est de 10L. L'inoculum, dont la population microbienne est de à $16,4 \times 10^7$ bactéries acétiques et 6×10^4 levures, est ensemencé dans l'infusion sucrée. L'un des fermenteurs de 1L constitue la préculture pour ce fermenteur à 10 L.

5. Suivi effectué lors de la fermentation :

Des prises d'essai ont été prélevées tout au long la production du kombucha dans les fermenteurs de 1L et de 10 L, chaque 4h pour contrôler l'évolution des paramètres physicochimiques (pH, acidité, °Brix). Pour la suite des paramètres microbiologiques biochimiques et le dosage par HPLC, un échantillon par jour à été étudié afin d'évaluer l'évolution journalière de ces paramètres.

Les échantillons pour les tests microbiologiques ont été fraîchement traités. Et pour les tests biochimiques, le dosage des sucres, de l'éthanol et de l'acide acétique par HPLC, les échantillons ont subit une centrifugation (Biofuge®) de 10 000 tr/min pendant 15 min, afin de récupérer le surnageant suivi d'une filtration à travers des filtres membranaires de 0,45µl (Minisart®).

5.1.Suivi microbiologique :

Le Kombucha, étant un produit probiotique et riche en microorganismes saprophytes symbiotiques, un suivi de la flore lors de la fermentation peut se faire. Comme les levures sont des Gram+ et les bactéries acétiques sont Gram-, le test Gram peut les séparer. La quantification de la flore se fait dénombrement sur boites sur des milieux caractéristiques des souches.

5.1.1. Coloration Gram

La coloration Gram est la a coloration la plus utilisée en bactériologie. Elle est utilisée dans ce projet pour distinguer les levures des bactéries acétiques. Ce procédé de coloration différentielle divise les bactéries en deux groupes : Les Gram positifs et les Gram négatifs. Un frottis bactérien est réalisé en premier lieu, coloré avec le violet de gentiane, ensuite la préparation est traitée avec le Lugol (iode et potassium) qui crée une laque avec le violet de gentiane dans le cytoplasme bactérien assurant ainsi la fixation du colorant. Par la suite, un bain d'alcool 95°C sert à éliminer le colorant inutile et décolorer les Gram-. Enfin une coloration à la fushine basique, les bactéries Gram- seront colorées en rose et les Gram+ resteront violet.

5.1.2. Dénombrement :

Le dénombrement des souches totales des bactéries acétiques et des levures situées dans la fraction liquide de kombucha est effectué par comptage sur boites. Pour les levures, le milieu a été Sabouraud (Bockar Diagnostics®) additionné de chloramphénicol 50mg/L (Fluka®). Pour les bactéries acétiques le milieu est la gélose Acb/s (composition annexe) contenant 500mg/L de cycloheximide afin d'inhiber les levures. Ce milieu Acb/s appelé encore milieu carr est un milieu gélosé avec le vert de Bromocrésol comme indicateur coloré. En présence d'acide acétique, la couleur du milieu vire du vert au jaune (voir annexe).

Une série de dilution est effectuée au préalable afin d'avoir des colonies dénombrables UFC <300. L'ensemencement de chaque dilution est effectué en surface avec 100µl d'échantillon de kombucha sur milieu Sabouraud et sur gélose Acb/s pour dénombrer la totalité de la flore contenue dans le kombucha.

5.1.3. Activité antifongique :

L'activité antifongique a été évaluée par la méthode de screening par diffusion sur agar, décrite par [33]. Des spores des souches *Aspergillus terreus*, *A.carbonarius* et *A.flaxus* ont été suspendues dans une solution à 0.9% de NaCl et 0.2% Tween 80.Pour être pré-inoculés sur un milieu solide PDA (Gélose dextrosée à la pomme de terre) à raison de 10^6 spores /ml. Des puits de 3 mm perforés à l'aide d'un emporte pièce après solidification du milieu.ont servit à inoculer les échantillons et évaluer lors activité antifongique contre les spores.

Une suspension fraîche de *Gluconacetobacter xylinus*, la plus productrice d'acides acétiques (k8), a été choisie et cultivée pour 24h. L'activité antifongique de *Brettanomycess bruxellensis* (E) et *Schizosaccharomyces pombe* (C).

L'activité d'un aliquote du kombucha produite dans le fermenteur de 10L, et d'un autre du perméat de la microfiltration a été évaluée.

L'incubation s'est faite à 25 °C pendant 48 à 72 h puis les diamètres des zones d'inhibition ont été mesurés [101].

5.2. Suivi des paramètres physicochimiques :

5.2.1. pH :

La mesure du pH est déterminée à partir d'un pH-mètre de type (Checker), préalablement étalonné.

5.2.2. Acidité titrable :

Ce titrage se fait à l'aide du réactif neutralisant NaOH à 0,1 M. Le dosage a été effectué selon la méthode de [94] 10 ml de l'échantillon est déposée dans un bécher et à laquelle est ajoutée 3 gouttes de phénolphtaléine.

Le titrage s'effectue en versant lentement la solution de NaOH en agitant jusqu'à atteinte un pH de 8,2, la quantité de NaOH utilisée est révélée.

5.2.3. Temps de mélange

L'expérience de temps de mélange, est faite en injectant un traceur dans une installation de mélange fermée, le fermenteur de 1L et de 10L dans notre cas.

Le traceur utilisé est le bleu de Bromothymol (voir figure14) caractérisé par sa couleur bleu, illustré par la figure 13 La même couleur est obtenue après 3 min et 10min respectivement pour les fermenteurs de 10L et de 1 L.

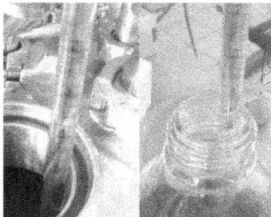

Figure 14: Détermination du temps de mélange

5.2.4. Dosage colorimétrique :

Les analyses de la couleur sont effectuées sur l'échantillon placé dans des cuves en Quartez en utilisant un colorimètre analytique de type Loviband PFX 195 ®. La couleur est exprimée par trois coordonnées. L'échelle de L*, a*, et b*.

La valeur du paramètre L* représente une approximation mathématique non linéaire de la réponse de l'œil aux couleurs noires et blanches, ce qui correspond à 100 pour le blanc pur et à 0 pour le noir pur et qui mesure la luminosité et la clarté de l'échantillon.

Les valeurs positives du paramètre a* indiquent les couleurs rouges et les valeurs négatives indiquent les couleurs vertes.

Les valeurs positives du paramètres b* indiquent les couleurs jaunes et les valeurs négatives renseignent sur les couleurs bleues [99].

La commission internationale de l'éclairage (CIE) définit une méthode générale des mesures de la colorimétrie dans « l'espace CIELAB » applicables à tous les produits, décrit toute couleur par la notion de la luminosité, la teinte, et l'intensité de couleur.

L'expression de la couleur est déterminée par la courbe à 3 axes dans l'annexe 1.

5.3. Dosage du saccharose :

5.3.1. Dosage par ° Brix :

L'unité de la densité des liquides développés par Adolf Ferdinand Wenceslaus Brix (1798-1870 à Berlin), baptisée de son nom : Le degré Brix (symbole °Bx), traduit la teneur en sucre d'un soluté. Un degré Brix correspond à 1 gramme de sucrose en 100 grammes de solution (% m/m). L'appareil utilisé est le réfractomètre (Hand Held Refractometer) qui mesure la matière sèche soluble totale (MSST) par un pourcentage de graduations de 0,1 pour cent. Trois lectures ont été effectuées pour chaque échantillon.

Le degré ou pourcentage Brix d'une solution correspond au pourcentage de sucre dans cette solution.

5.3.2. Dosage par HPLC :

Afin de séparer les différents constituants des échantillons les hydrates de carbone ou les sucres, l'éthanol, et les acides organiques, la technique de chromatographies liquide à haute performance a été utilisée.

20 µl d'échantillon préalablement dilué, est injecté à la HPLC (Agilent Technologies 1200®) connectée à un détecteur à indice de réfraction (RID).

La colonne est de type C18, (Zorbax esclipse plus ®), ayant les dimensions suivantes (4,6mm ^{x} 25 cm, 5µm). L'acide sulfurique à 1mM a été utilisé comme phase mobile en mode isocratique. Le débit a été fixé 0,3ml/min.

La concentration de chaque composé a été calculée à partir des aires des pics en se référant à des standards.

5.4. Dosage de l'éthanol

Ce dosage a été effectué par HPLC en appliquant la méthode décrite dans le paragraphe (**5.3.2**), La concentration de l'éthanol dans chaque composé a été calculée à partir des aires des pics en se référant au standard d'éthanol analytique.

5.5. Dosage de l'acide acétique

La concentration de l'acide acétique est déterminée par l'analyse HPLC. La méthode est la même utilisée dans le paragraphe (**5.3.2**). Le standard analytique a permis de déterminer la teneur en acide acétique dans les échantillons.

5.6. Dosage de l'activité antioxydante

5.6.1. Dosage des polyphénols totaux :

Le dosage est effectué par la méthode utilisant le réactif de Folin Ciocalteu (Sigma aloric®), Singleton et Rossi 1965. Le réactif est un acide de couleur jaune constitué par un mélange d'acide phosphotungstique ($H_3PWO_{12}O_{40}$) et d'acide phosphomolybdique ($H_3PMo_{12}O_{40}$).

Il est réduit, lors de l'oxydation des phénols, en un mélange d'oxydes bleus de tungstène et de molybdène.

50µl d'échantillon a été mélangé avec 2ml d'une solution de carbonate de sodium Na_2CO_3 (2%) pour 2 minutes. Par la suite, 100 µl du réactif de Folin Ciacalteu est ajouté. Le mélange est incubé pendant 30 min à l'obscurité. Lecture à 750nm après 3O min. La coloration produite, dont l'absorption maximum à 750nm est proportionnelle à la quantité des polyphénols présents dans l'échantillon.

La quantité de polyphénols exprimée en mg d'acide gallique par litre a été calculée à partir de courbe étalon DO=f ([acide gallique]) (voir annexe 2).

Il n'y a pas une méthode universelle qui permet la quantification de l'activité antioxydante dans un échantillon donné avec précision .Il faut alors combiner la réponse d'au moins deux tests différents [20]. Dans ce travail l'ABTS et le DPPH ont servi pour évaluer l'activité antiradicalaire de la boisson à base du thé.

5.6.2. Le dosage des radicaux libres par la méthode DPPH :

Le radical DPPH (2,2-diphenyl-1-picryl-hydrazyl) (voir figure 15) est stable à température ordinaire et présente une couleur bleue bien caractéristique. Les antioxydants présents dans l'échantillon le réduisent ce qui entraîne une décoloration facilement mesurable par spectrophotométrie à 517 nm. La méthode est généralement standardisée par rapport au TROLOX. Cette substance équivalente à la vitamine E sert à tracer la courbe étalon (annexe 3). Les concentrations d'antioxydants (mg/L) par gramme de DPPH sont déterminées en se référant à la courbe étalon.

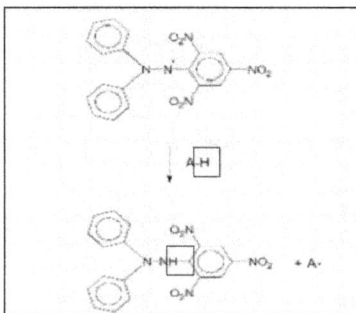

Figure 15: Structure chimique du DPPH et principe de la réaction

5.6.3. Le dosage des radicaux libres par la méthode ABTS :

Ce test est basé sur la capacité d'un antioxydant à stabiliser le radical cationique ABTS•+. En réagissant avec le persulfate de potassium ($K_2S_2O_8$), l'ABTS (acide 2,2'-azino-bis (3éthylbenz-thiazoline-6-sulfonique)) forme le radical ABTS•+, de couleur bleue-verte. L'ajout d'antioxydants va réduire ce radical en ABTS+ incolore. La réaction de piégeage est détaillée par la figure16. La concentration est évaluée par la courbe étalon de l'annexe 4.

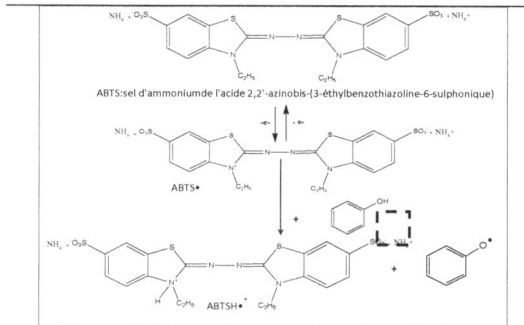

Figure 16: Formation et piégeage du radical ABTS•+ par un antioxydant donneur de H•

6. Conservation du starter

6.1. Récupération du starter :

Le thé Kombucha obtenu par fermentation de 10 L a subit r une séparation mécanique par centrifugation. Le barème a été fixé, selon le travail de B.Rhouma [100], à 3500 tr/min pendant 15 min. Le culot ainsi produit est récupéré.

6.2. Méthodes de conservation :

La conservation du starter nécessite la présence de cryoprotecteurs pour les protéger à des basses températures. Le glycérol à 10 % (m/m) et le lait écrémé en poudre à 2% (m/m) ont servi de cryoprotecteurs [101]. 1g du starter a servi pour dénombrer la flore microbienne à t = 0. Deux techniques de conservation ont été utilisées

6.2.1. Congélation

Le starter a été aliquoté dans des cryotubes et conservé à -20°. Un témoin d'une semaine a été utilisé pour l'étude de la viabilité.

6.2.2. Lyophilisation

Le starter a été préalablement surgelé pour 24h à -80°C puis a subit une sublimation à vide par un lyophilisateur de paillasse de type CRYOTEC ®.

Après une semaine de conservation, la viabilité des souches a été suivie par la méthode de dénombrement sur boites.Pour les levures, le milieu a été Sabouraud et pour les bactéries acétiques le milieu (GYE) comprenant le glucose, l'extrait de levure et additionné d'éthanol.

7. Clarification du produit fini :

Le thé kombucha prêt à la consommation est une suspension des « champignons du thé » dans un jus fermenté. Cet aspect peut être réglé par une clarification.

7.1.Filtration grossière

Le produit final obtenu est une suspension de cellulose et de flore microbienne dans un thé kombucha liquide riche en métabolites. Ces deux fractions sont séparées par filtration grossière grâce à une passoire.

7.2.Filtration membranaire par microfiltration

Le pilote de microfiltration (PIGNAT UFA/1000®), illustré par la figure 17, comprend une cuve de fermentation de 10 L, à laquelle est associée une membrane de filtration en céramique de 0.008 m^2 de surface. Le diamètre des pores de la membrane est de 0,45µm. Le passage des fluides à travers la membrane s'exerce grâce à une différence de pression (pression transmembranaire PTM).Le diamètre Les conditions opératoires sont de 100 kPa de PTM. Cette clarification sert à débarrasser le thé kombucha des germes.

Figure 17: Pilote de microfiltration

8. Analyse sensorielle :

3 échantillons du Kombucha à partir du thé noir (voir figure 18) ont été préparés pour l'analyse sensorielle, deux produits à l'échelle pilote dans le fermenteur de 10 L à partir des cultures sélectionnés dont les proportions sont figurées dans le tableau IX. ('X 'et 'M'). Le 3ème échantillon 'B' est produit à la société KSAR PRODUCTION. La souche C est choisie pour son potentiel aromatique.

Tableau IX: Caractéristiques des échantillons de l'analyse senorielle

			X				M		B
Starter	Levures	E	20% (v/v)	Levures	E	90% (v/v)			
	20% (v/v)			20 % (v/v)	C	10% (v/v)			SCOBY
	Bactéries	K1	27% (v/v)	Bactéries	K1	27% (v/v)			
	acétiques	K2	27% (v/v)	acétiques	K2	27% (v/v)			
	80% (v/v)	K3	27% (v/v)	80% (v/v)	K3	27% (v/v)			
Thé		1.2 %							0.6 %
Sucres		10 %							7%
Durée d'incubation		5 jours							7 jours

Figure 18: Les échantillons dédiés à l'analyse sensorielle

Une fiche d'analyse sensorielle traitant les différents aspects des échantillons a servi pour évaluer l'appréciation des échantillons (voir annexe 5).

Partie C : Résultats et discussions

Au cours de ce travail, la production du thé kombucha à partir des cultures pures a été conduite dans des deux fermenteurs l'un à l'échelle laboratoire de 1L et l'autre à l'échelle pilote de 10L. L'agitation, l'aération et la température ont été contrôlés lors des cycles de production en batch. Le tableau X résume ces différentes caractéristiques.

Tableau X: Les caractéristiques des fermenteurs de 1L et de 10 L

	Fermenteur de 1L	Fermenteur de 10 L
Diamètre	9,5	46,5
Temps de mélange (min)	3	10
Débit d'agitation (tr/min)	30	
Débit d'aération (L/h)	1,2	
Température (°C)	28	

L'impact d'un diamètre et un temps de mélange réduits dans le fermenteur de 1L est étudié en évaluant des paramètres lors des fermentations.

1. Suivi des paramètres physicochimiques

1.1. pH et acidité

La mesure du pH et de l'acidité titrable permettent le suivi instantané de l'évolution de la fermentation. Ce sont les marqueurs physicochimiques qui indiquent la fin du cycle de production du kombucha. Pour le produit commercialisé par « KSAR PRODUCTION » ils sont de l'ordre de 3.3 de pH et de 1.1 g d'acides titrables/L.

1.1.1. Dans le fermenteur de 1L

Selon la figure 19, durant les 5 jours de fermentation, les valeurs de pH pour le premier fermenteur de 1 L varient d'un pH initial de 4.3 à une valeur de 3.2 en fin de fermentation. Le pH diminue considérablement à partir de la 10ème heure .Après 48h, le pH atteint une valeur de 3 et se stabilise durant les heures suivantes de fermentation comme le montre la figure 14.

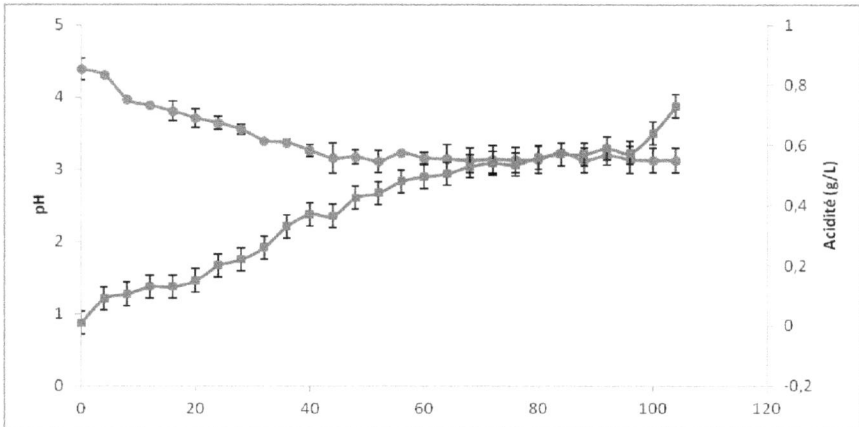

Figure 19 : Evolution (●) du pH et (■) d'acidité titrable pour le fermenteur de 1 L

L'acidité titrable croit de même pour atteindre 0.79 g/L en fin de fermentation selon la figure 14. Sa productivité maximale est observée durant les premières 48h avec une vitesse moyenne de 0.48 g $_{\text{d'acides titrables}}$ /J/L et continue à croitre avec une vitesse moindre de 0.17 g $_{\text{d'acides titrables}}$ /J/L les 3jours qui suivent.

1.1.2. Dans le fermenteur de 10 L

La fermentation dure aussi 5 jours. Durant lesquels, les valeurs de pH varient d'un pH initial de 3.3 à une valeur de 2.8 en fin de fermentation.

La figure18 montre que le pH diminue progressivement et au bout de 48h de fermentation, le pH est constant à 3 et diminue légèrement durant les heures suivantes de fermentation.

Quant à l'acidité titrable, elle croit pour atteindre 2.4 g/L en fin de fermentation selon la figure 20. La productivité maximale entre les 48h et les 72h avec une vitesse moyenne de 0.613 g $_{\text{d'acides titrables}}$ /L/J. Et elle se stabilise les 2 jours qui suivent avec une vitesse de 0,511 g $_{\text{d'acides titrables}}$ /L/J.

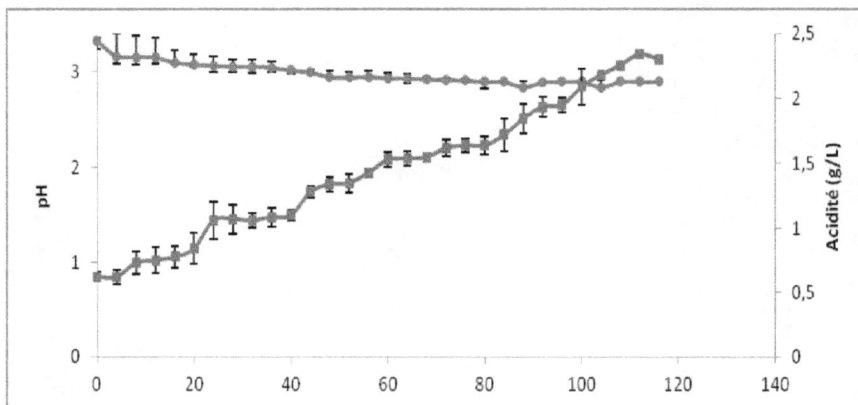

Figure 20: Evolution (●) du pH et (■) d'acidité titrable pour le fermenteur de 10 L

Dans les deux fermenteurs, le pH et l'acidité cibles sont atteints au bout de 48h, comme le résume le tableau XI mais avec des vitesses différentes, bien plus importante dans le fermenteur de 10L que dans celui de 10L. C'est probablement dû au temps de mélange réduit pour le fermenteur de 10L.

Pour les deux fermenteurs de 1L et de 10 L, les valeurs de pH et d'acidité titrable se croisent témoignant un lien étroit entre le pH et la production des acides titrables totaux caractéristiques de la boisson Kombucha. Les H^+ des acides formés au cours du temps influence le pH du mélange réactionnel et le rend plus acide.

Le pH se stabilise après 2 jours de fermentations pour les deux réacteurs afin d'assurer un effet tampon de pH à l'entoure de pH 3. Le CO_2 produit par les *Brettanomycess* donne lieu à la formation du bicarbonate HCO_3, qui réagit avec les groupements hydroxyles OH des acides organiques, produits des bactéries acétiques. Ces complexes formés donnent un caractère tampon à la solution.

Une étude par Radomir [93] montre que l'effet tampon est résultant de la faible synthèse des acides organiques à cause de l'interaction avec les minéraux du thé. Ce pH de 3 est typique pour le système digestif selon les essais d'E. LONC [92].

Tableau XI : Variation du pH et d'acidité titrable dans le fermenteur de 1L, 10L et le produit commercialisé.

	pH initial	pH final	Acidité initiale (g/L)	Productivité moyenne d'acidité titrable (g/L/J)
Fermenteur 1L	4.3	3.2	0.79	0.30
Fermenteur10 L	3.3	2.8	1.67	0.86
Kombucha du « KSAR PRODUCTION »	4.65	3.35	1.1	0.54

L'acidité dans le fermenteur de 1L est proche de celle du produit commercialisé, alors que la teneur en acides dans le fermenteur de 10L la dépasse légèrement. Toutefois, les teneurs atteintes durant ces 5 jours correspondent à celles obtenues par Malbasa.R et al [102] et en 2006 variant de 0,5 à 2 g/L.

L'acidité titrable englobe une multitude d'acides organiques acétique, gluconique, lactique...

Ce moyen ne permet pas de quantifier les teneurs de chaque type d'acide. C'est par une séparation chromatographique que la teneur en acide acétique, l'acide organique majoritaire, a été évaluée.

2. Dosage de l'acide acétique

La technique de séparation HPLC a permis de déterminer les concentrations de l'acide acétique dans les échantillons du kombucha.

Dans le fermenteur de 1L, après 4 heures de fermentation, la concentration d'acide acétique dans le milieu réactionnel est la plus importante 2,17 g/L, comme le montre la figure 21.C'est justifié par la présence du starter qui est la préculture des souches pures sélectionnées. Ce starter, représentant 10% du volume réactionnel du fermenteur, est plus riche en acide acétique. Vers les 48h, la concentration s'abaisse à 1,3g/L et donne pour les heures qui suivent une productivité globale de 0.44 g/L/J en fin de fermentation.

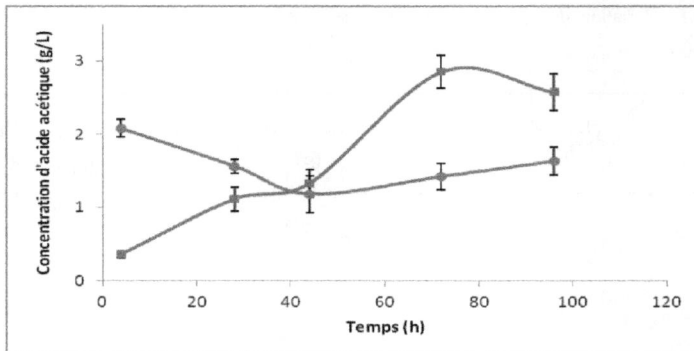

Figure 21:La concentration d'acide acétique dans le fermenteur de 1L ● et dans le fermenteur de 10L ■

C'est dû peut être à un ralentissement de la production d'éthanol par *Brettanomycess* ou à la compétition avec d'autres acides organiques. Bien que le mécanisme de production des acides organiques et des vitamines par le Kombucha reste à déterminer [30-92] une fermentation prolongée conduit par chen et al [42], prouve que l'acide gluconique devient l'acide organique majoritaire après 30 jours de fermentation et influence les qualités organoleptiques du produit fini obtenu. D'où l'orientation du kombucha vers la production d'un tel acide organique avec de forte teneur est fonction de la durée de la conduite de fermentation en plus des souches impliquées favorisant cet acide. Vers la fin de la fermentation, la teneur en acide acétique atteint 1,8 g/L.

Dans le fermenteur de 10L, la production d'acide acétique est en croissance, figure 22, et atteint son maximum de production de 3 g/L avec une productivité globale de 0.55 g/L/J.

La vitesse de production d'acide acétique est la plus importante au-delà du 2ème jour et c'est lié à la multiplication des bactéries acétiques en plus des levures. L'observation microscopique de la figure 22 montre la microflore microbienne du starter.

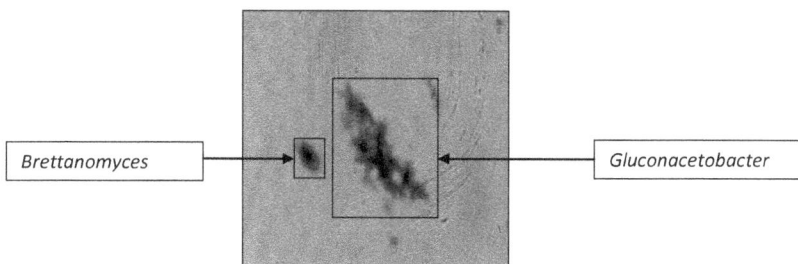

Figure 22 : Observation au microscope optique lors du 2ème jour de fermentation dans le
réacteur de 10L (x1000)

Les teneurs en acide acétique atteintes dans les kombucha des fermenteurs de 1L, de 10L et
celle de « KSAR », qui sont respectivement 1.8g/L, 3 g/L et 2.2 g/L, sont en correspondance
avec les concentrations obtenues au bout de 5 jours dans des conditions statiques résumées
par le tableau XII.

Tableau XII: Variation de la concentration de l'acide acétique dans divers kombucha

Concentration finale d'acide acétique (g/L)	Références
0.3	[102]
1.5±0.06	[91]
2	[95]
5	[26]

L'acide acétique est un produit de l'oxydation de l'éthanol par les *Brettanomyces*, cet éthanol
a été dosé moyennant l'HPLC.

3. Dosage de l'éthanol

Les levures *Brettanomyces* productrices d'éthanol, sont nombreuses à ce stade de fermentation comme le montre la figure 23. Bien que les *Brettanomyces* soient des levures de fermentation très lente, elles sont de bonnes productrices d'alcool puisqu'elles peuvent atteindre 13% (v/v) dans des fermentations aérées [56].

Figure 23: Observation au microscope optique lors du 1er jour de fermentation dans le réacteur de 10L (x1000)

La Teneur en éthanol croît durant les deux premiers jours, selon la figure24, dans les deux fermenteurs de 1L et de 10L sont de 1.04% (v/v) et 0.63% (v/v) avec les vitesses respectives 36g/L/J et 20.64g/L/J. Pour le kombucha de KSAR sa teneur en éthanol et de 1.46 % (v/v).

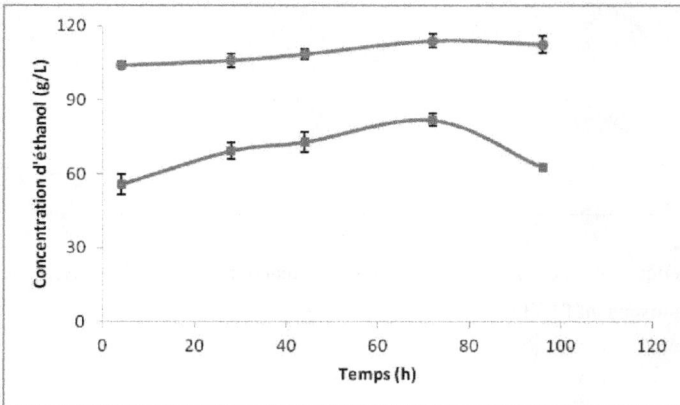

Figure 24 : La concentration d'éthanol dans le fermenteur de 1L ● et dans le fermenteur de 10L ■

La teneur en éthanol des kombucha produits dans le fermenteur de 1L et de 10L est <1%. C'est en correspondance avec les travaux résumés dans le tableau XIII. Alors que l'éthanol contenu dans le produit commercialisé est plus important 1.46%, cette variation est probablement due à la richesse du starter en levures. Ce starter, étant le fond de cuve d'une culture précédente peut contenir plus de levures que de bactéries acétiques.

Tableau XIII: Variation de la concentration de l'éthanol dans différents kombucha

Concentration finale d'éthanol % (v/v)	Références
0.1	[94]
0.2	[103]
0.7	[26]

Les souches de levures *Brettanomyces* utilisent le saccharose additionné au début de la réaction. La dégradation du saccharose est évaluée.

4. Dosage du saccharose

Le saccharose constitue la source de carbone additionnée en tant que la matière première lors de la production du kombucha. Elle est dégradée par les levures *Brettanomycess* par voie enzymatique via l'invertase.

Les concentrations de saccharose sont déterminées par deux méthodes par °Brix et par HPLC. Leur évolution au cours de la fermentation est décrite par la figure 25.

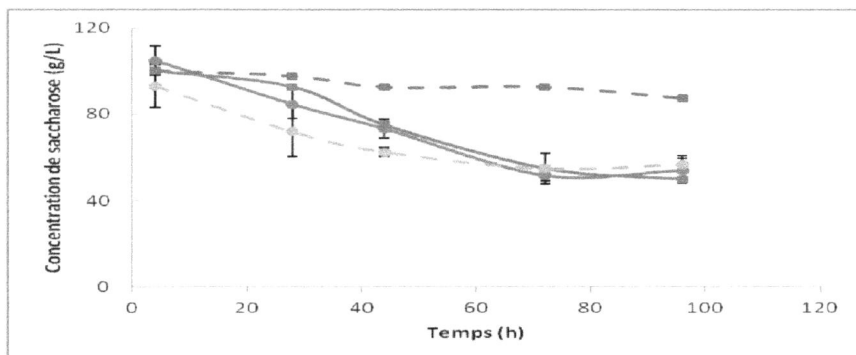

Figure 25: Concentration du saccharose dans le fermenteur de 1L (continu) et dans le fermenteur 10L (discontinu) déterminée par HPLC● et par °Brix ■

L'hydrolyse du saccharose dans les deux fermenteurs témoigne une bonne activité des levures.

Bien que le dosage du saccharose par le réfractomètre soit instantané, il donne une valeur approximative. Il présente la teneur en % (m/m) de matières solubles y compris le saccharose. Si la solution contient des matières solides dissoutes autres que le sucrose pur, c'est-à-dire d'autres sucres et minéraux, le °Bx rapproche seulement le contenu de matière solide dissoute et ne donne pas une valeur précise.

C'est le dosage des sucres par HPLC, en se référant à des standards, qui a permis de quantifier la teneur en saccharose tout au long de la fermentation.

A partir de 100g de saccharose initialement introduite aux fermenteurs, 55g dans le fermenteur de 1L et 50g dans le fermenteur de 10 L ont persisté. Ces valeurs sont moindres que celles trouvés dans l'étude de Kallel et al [90] avec 60g/L et celles de chen et al [94] avec 70 g/L. Ces deux études ont été faites dans des conditions statiques avec des starters complexes.

Cette différence est probablement due au taux d'inoculation et au bon transfert de métabolites par l'agitation. Ce transfert permet d'éviter l'inhibition par l'acide acétique produit.

5. Productivité globale et rendement de conversion

La productivité globale obtenue en fin de la fermentation et le rendement de conversion des deux fermentations sont résumés dans le tableau XIV .La productivité en éthanol est plus importante dans les fermenteurs de 1L et de 10L que dans le produit commercialisé et celui du travail de Kallel et al [90]. La durée de la fermentation influence la productivité. La disponibilité du substrat diffère tout au long du cycle de production ce qui influence la croissance levurienne. Il est probable qu'après 14 jours, l'épuisement du glucose influence la voie métabolique des levures et inhibe l'effet Crabtree et donc oriente le métabolisme vers la respiration.

La productivité en acide acétique est étroitement liée à l'activité des bactéries acétiques, elle est plus importante dans les kombucha des fermenteurs de 1L (0.44 g/L/J) et de 10L (0.55 g/L/J) obtenues à partir des cultures pures avec une balance de bactéries et de levures en faveur des bactéries acétiques. Une productivité de (0.63 g/L/J) du travail de Kallel et al [90] peut être due à la richesse du starter en bactéries acétiques. Alors que le starter du kombucha commercialisé, présentant de moindre productivité 0.16 g/L/J est probablement plus riche en levures.

Tableau XIV: Productivité globale et rendement de conversion des fermentations

		Valeurs expérimentales			Valeurs théoriques et d'autres travaux
		Fermenteur de 1 L	Fermenteur de 10L	« KSAR »	
Productivité globale (g/L/J)	Ethanol	2.75525	1.57625	1.05	0.46 [90]
	Acide acétique	0.44	0.55	0.16	0.63 [90]
Rendement de conversion en éthanol ($g_{éthanol} / g_{sucres}$)		0.11	0.16	0.2	0.51
Rendement de conversion en acide acétique ($g_{acide\ acétique} / g_{éthanol}$)		0,16	0,3	0,15	1.3

Le rendement théorique en éthanol est de 0.51 g d'éthanol par gramme de glucose consommé. Cependant ce rendement est limité à 80-90% de sa valeur théorique par les réactions de maintenance, de synthèse cellulaire et la formation des produits secondaires. Dans les conditions expérimentales, le rendement en éthanol est de l'ordre de 0.41 g/g d'éthanol par gramme de glucose [106].

Toutefois, les rendements de conversion expérimentaux de ce travail n'atteignent pas ce rendement expérimental de 0.41 ($g_{éthanol} / g_{sucres}$). D'autres voies métaboliques consomment les sucres lors de la production du kombucha, la production de cellulose et d'autres acides organiques.

Le rendement théorique de conversion d'éthanol en acide acétique est de 1.3 $g_{acide\ acétique} / g_{éthanol}$. Les rendements expérimentaux obtenus sont moindres. C'est probablement dû à l'utilisation de l'éthanol dans d'autres voies métaboliques. Les levures peuvent, en cas d'épuisement de glucose, utiliser l'éthanol comme source de carbone après sa transformation en acide acétique [106]. Les bactéries acétiques peuvent aussi se servir de l'éthanol pour la production du pyruvate [84].

6. Evolution microbiologique

La teneur en microflore au début de la production du thé kombucha dans le fermenteur de 1L est de 7.3×10^4 de levures et de 20×10^7 de bactéries acétiques. Dans le fermenteur de 10 L, 16.4×10^7 de bactéries acétiques et 6×10^4 de levures ont été utilisés pour inoculer l'infusion du thé noir. La courbe étalon de DO en fonction d'UFC, n'a pas été montré, une corrélation de a servi pour quantifier la flore.

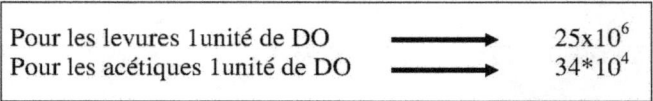

> Pour les levures 1unité de DO $\longrightarrow$ 25×10^6
> Pour les acétiques 1unité de DO $\longrightarrow$ 34×10^4

Un suivi contenu des paramètres microbiologiques a été fait dans le fermenteur de 10 L montre une augmentation de la densité optique à 600 nm de la masse cellulaire dans le mélange réactionnel au fur du temps, ce qui témoigne l'activité continue et complémentaires des bactéries acétiques et des levures tout au long de la fermentation comme l'illustre la figure26.

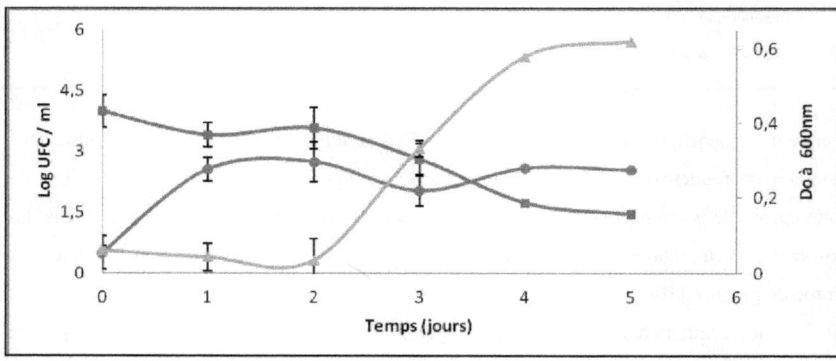

Figure 26 : Suivi microbiologique des bactéries acétiques ■ ; des levures ● et de DO ▲ dans le fermenteur 10 L

Lors de l'inoculation, le nombre de souches de levures *Brettanomyces* est de l'ordre de 30 $\times 10^5$ UFC /ml et de 19×10^6 UFC/ml pour les bactéries acétiques *Gluconacetobacter* avec une proportion de levures et de bactéries acétiques de 1/4.

Un travail de production de kombucha à partir de cultures pures par MARKOV S.et al [103] a été basé sur une inoculation avec 5×10^6 UFC / ml de levures et 7×10^7 UFC de bactéries acétiques et c'était en conditions statiques.

Les souches de *Gluconacetobacter* atteignent leur croissance maximale lors du premier jour fermentation avec une valeur de 3.5 de log (UFC) /ml correspondant à 1380×10^{7} UFC / ml. Cette croissance est stimulée par la préculture ajoutée au début de la fermentation représentant 10% du volume réactionnel.

A partir du 3ème jour de fermentation, le nombre de ses souches diminue. Ça peut être expliqué par la quantité d'acide acétique maximale produite (1.5 g/L), une inhibition par le produit peut s'imposer ainsi.

Les souches de *Brettanomyces* sont présentes en plus grande quantité 2.8 log (UFC) /ml correspond à 138×10^4 UFC / ml le 3ème jour de fermentation. La présence de l'acide acétique dans le milieu stimule la production d'éthanol par les levures [26].
Puis elles diminuent et augmentent progressivement vers la fin de la fermentation.

Bien que, le procédé artisanal est plus riche en microorganismes, le dénombrement des souches viables de cultures pures en début de production est relativement comparable aux résultats d'autres travaux, avec une balance en faveur des bactéries acétiques, comme le résume le tableau XV.

Tableau XV : Dénombrement de la flore microbienne lors de la fermentation

Bactéries acétiques log (UFC)/min	Levures log (UFC)/min	Références
4,3	1	Résultat expérimental
5,3	4,48	[95]
7.55	4.5	[42]
7	5	[103]

Toutefois des études ont montrées que lors de la production du kombucha dans les conditions statiques, la concentration cellulaire des bactéries acétiques est surtout située dans la partie supérieure de la culture, adhérée à la pellicule cellulosique là où l'apport en oxygène est au maximum [41].Cette adhésion interfère et altère l'exactitude du dénombrement des souches contenues dans le milieu réactionnel.

Dans ce projet, bien que le fermenteur soit agité, une formation de cellulose a eu lieu avec un rendement de 3.24 % (m/m) par rapport au fermenteur de 1 L.

Au-delà du 3ème jour de fermentation, où le nombre des souches de *Gluconacetobacter* est maximum de 530 x10 ^{7}, une diminution a lieu pour atteindre au 5ème jour 7.4x10 ^{7}. Si les conditions de production ont été statiques, c'est probablement expliqué par l'accumulation de CO_2 fourni par les levures lors de la fermentation alcoolique. Le gaz carbonique est cumulé dans l'interface entre la pellicule cellulosique et le milieu de culture, et du coup il bloque le transfert d'O_2 à travers la cellulose. Un manque d'aération altère la croissance et l'activité des bactéries acétiques aérobies strictes [42].

Mais dans les conditions agitées de production dans le fermenteur de 10 L, avec l'augmentation de la DO à 600nm témoin d'une croissance cellulaire, la diminution de la flore acétique est plutôt dû au fait que le dénombrement ne prend pas en compte « les germes viables mais non cultivables »(VNC). Ces germes correspondent à des cellules dans état physiologique stressé, incapables de se multiplier à court terme, ce qui les laisse passer pour mortes, alors qu'elles sont, en fait, capables de se multiplier à moyen ou à long terme. En plus la culture des bactéries acétiques est fastidieuse.

7. Evaluation des activités biologiques du kombucha

Le kombucha est doté d'une multitude d'activités biologiques et thérapeutiques dus à sa richesse en polyphénols du thé et des acides organiques qui sont les métabolites de la fermentation du l'infusion du thé.

7.1. Evaluation de l'activité antioxydante

L'activité antioxydante est étroitement liée à la teneur importante en polyphénols, surtout en catéchines sous ses différentes formes EC, ECG, EGC, EGCG, TF [9].

7.1.1. Action sur la teneur en polyphénols totaux :

Les polyphénols du thé sont dotés d'une activité antiradicalaire importante en piégeant les radicaux libres. Cette activité est encore améliorée au cours de la production du kombucha.

Il est probable que dans les conditions acides, les composes phénoliques complexes ont subi une dégradation des EC, sous l'action des enzymes libérés par le starter du kombucha [91].

Une autre constatation de dégradation a été révélée au niveau de l'intensité de la couleur du kombucha produite par le fermenteur de 1L, figure 27 (a) .Cette diminution de l'intensité de couleur est due à la biotransformation ou à la dégradation des TR, en composés de tailles moléculaires plus réduites et produisant des métabolites ayant une capacité antiradicalaire importante [104].

Les résultats de colorimétrie sont   résumés dans le tableau XVI par rapport au produit de référence l'infusion donnant :

$$\text{Indice }_{\text{Infusion}} = L*(61.46 \pm 0.3) + a* (0.66 \pm 0.03) + b* (33.45 \pm 0)$$

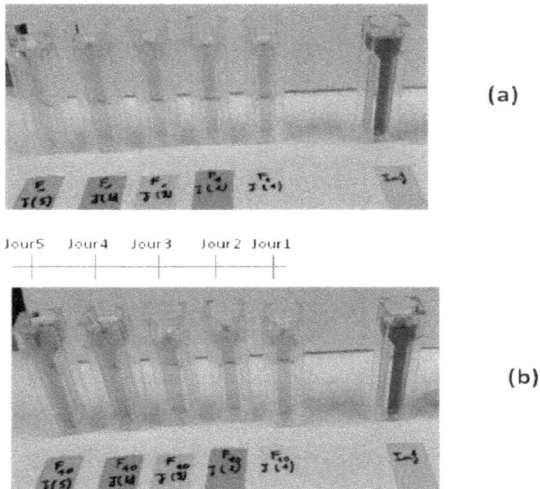

Figure 27: Evolution de la couleur du kombucha dans le fermenteur de 1L(a) et de 10 L (b)

Tableau XVI: Expression de la couleur dans les échantiollons

	Temps (jour)	L*	a*	b*
Fermenteur 1L	1	89.93±1.9	-2.36±0.3	23.78±1.57
	2	89.31±0.6	-1.805±0.19	31.68±2.06
	3	86.81±0.4	-1.335±0.46	33.705±1.29
	4	85.26±0.3	-1,1±0.15	34.855±1.09
	5	84.49±0.3	-0.575±0.3	36.07±0.014
Fermenteur 10L	1	87.82 ± 1.76	0.48±0.5	46.74±0.91
	2	86 ± 1.32	-0.345±0.55	43.4±3.23
	3	85.84 ± 2.55	0.45±0.83	40.11±2.77
	4	76.6 ± 1.53	3.36±0.21	39.085±3.5
	5	75.54 ± 1.11	3.38±0.56	33.95±0.912

Virage de couleur dans le fermenteur 1L : a* : Du vert au rouge, b* : Du bleu au jaune
Virage de couleur dans le fermenteur 10L : a* : Du vert au rouge, b* : Du jaune au bleu

Les échantillons du kombucha du fermenteur de 1L virent du rouge au jaune ce qui est en correspondance avec l'hypothèse de [104].

Cependant, les échantillons de 10 L virent au bleu, la coloration des prises d'essais est illustrée par la figure 27. Cette coloration peut être due à la richesse du kombucha produite dans le réacteur de 10 L en acides organiques, traduite par une teneur en acidité titrable plus importante que celle dans le fermenteur de 1 L. Le glycérol, donnant une consistance à la boisson, peut être impliqué aussi dans cette coloration. Les polyphénols à l'état oxydé peuvent donner des composés colorés [104].

7.1.2. Capacité de fixer des radicaux libres DPPH et ABTS :

Pour les deux fermenteurs la capacité des antioxydants contenus dans le kombucha à réduire les radicaux libres augmentent avec la durée de fermentation, comme le résume le tableau XVII. L'activité antiradicalaire est exprimée en équivalent de trolox et elle augmente pour le test DPPH variant de 890±0.005 mg/L à 952.8 mg/L pour le premier fermenteur, et de 570±0.17 mg/L à 690±0.27 mg/L pour le deuxième à 10L. De même le piégeage des radicaux ABTS a augmenté dans les deux fermenteurs.

La capacité du kombucha à fixer les radicaux libres synthétiques ABTS et DPPH est variable. Cette variation est dû aux propriétés diverses des antioxydants contenus dans le kombucha qui ont des polarités, des états d'ionisation et des conformations stériques différentes et à la variation de leur contribution à la fixation des radicaux libres [96].

Tableau XVII: Evaluation de l'activité antioxydante durant la production du kombucha

	Jour	Polyphénols totaux (mg $_{Acide\ gallique}$/L)	Activité antioxydante	
			DPPH (mg $_{trolox}$ / L)	ABTS (mg $_{trolox}$ / L)
Fermenteur	1	753.81 ±1.1	890±0.005	300±0.34
1 L	2	880.63±2.1	900±0.001	420±0.44
	3	1141.09±6.1	920±0.008	680±0.44
	4	1264.54±11.9	904±0.009	990±0.34
	5	1304.72±3.85	952,8	1310±0.19
Fermenteur	1	809.72±5.17	750±0.17	310±0.44
10 L	2	993.09±7.71	763±0.25	690±0.59
	3	1273.36±1.9	866±0.26	1500±0.1
	4	1296.54±11.57	869±0.27	1520±0.29
	5	1340.18±13.14	869±0.27	1620±0.19

Les teneurs en antioxydants piégeant les radicaux ABTS sont plus importantes que celle trouvé dans l'étude de Srihari et al [104] qui est égale à 554 mg/L obtenue après 6 jours de fermentation en conditions statiques. De même pour la teneur en antioxydant fixant les DPPH 570 mg/L obtenue après 10 jours de fermentation [102].

7.2. Evaluation de l'activité antifongique

L'activité antifongique du kombucha fermenté, du perméat du kombucha clarifié et des souches pures impliquées dans la fermentation est présentée par le tableau XVIII. Les souches cibles sont des champignons filamenteux de type moisissures, rencontrés occasionnellement lors de la production du kombucha et responsable de l'aspergillose

Les résultats montrent que les souches d'*Aspergillus* étudiées sont sensibles au kombucha fermenté et aux souches pures du starter. Le kombucha clarifié, ne présente aucune activité antifongique. Un potentiel d'une forte activité contre *Aspergillus flaxus* est constaté chez les bactéries acétiques, illustré par la figure 29 et contre *Aspergillus terreus* chez les levures.

Tableau XVIII: Activité antifongique du kombucha

	Zone d'inhibition (mm)		
	Champignons cibles		
	Aspergillus terreus	*Aspergillus carbonarius*	*Aspergillus flaxus*
K8	16±0.7	12±0.5	27± 1
E	20±0.4	17±1	19±0.2
Kombucha	19±00	10±0.5	12±1
Kombucha clarifié	3	3	3

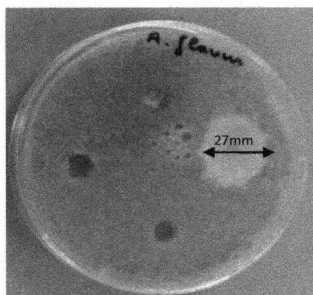

Figure 28: Activité antifongique de K8 sur *A. terreus*

L'activité antifongique du kombucha fermenté est caractérisée par un diamètre variant de 10 à 19 mm, alors que celle du kombucha clarifié est avec un diamètre de 3mm correspondant au diamètre du puits. Cette méthode de diffusion sur gélose indique que l'action sur les moisissures est liée à la présence de la flore levurienne et bactérienne. Toutefois, les métabolites tels que les acides organiques ont probablement une action antimicrobienne importante selon les résultats de Steinkraus, K prouvant l'activité antimicrobienne de l'acide acétique [32]. L'absence d'une activité pour le kombucha clarifé peut être due à l'élimination de la flore microbienne lors de la microfiltration.

Une activité contre les souches de *Candida* [30], qui sont saprophytes mais pouvant entraîner des problèmes chez les immunodéficients, a évalué une activité antifongique avec un diamètre allant de 11 à 12 mm avec un diamètre de puits de 6 mm, contre 4 souches de *Candida* parmi

7 par une infusion fermentée. Alors qu'une infusion non fermentée ne présente aucune action sur les *Candida*.C'est la présence de la microflore du starter qui confère une activité antifongique.

8. Effet de la conservation sur le starter

Le starter utilisé dans ce travail, qui est constitué de cultures pures sélectionnées selon leur productivité d'acide acétique et de cellulose pour les bactéries acétiques et pour l'arôme qu'ils procurent pour les levures, doit être conditionné et préservé pour une utilisation industrielle ultérieure. Les deux méthodes de conservation utilisées sont une congélation et une lyophilisation qui procurent des durées de conservation respectives de 1à 3 ans et plus de 30 ans.

Ces deux méthodes ont été choisies par ce que les basses températures permettent d'arrêter toutes les réactions cellulaires. L'ajout des cryoprotecteurs décrits dans le paragraphe (6.2) permet de préserver l'intégrité des cellules face aux agressions des techniques (la cristallisation de la congélation et la sublimation de la lyophilisation).

Le tableau présente les rendements de perte en eau et le taux de viabilité.

Tableau XIX: Taux de viabilité du starter après une semaine de conservation

	Viabilité des souches	
	Bactéries acétiques	Levures
Congélation	85.98%	24.36%
Lyophilisation	74.46%	18.49 %

Bien que la lyophilisation présente une durée de conservation plus prolongée, le rendement de la congélation lors de la conservation du starter est meilleur pour les deux types de microflore. La perte en eau lors de la lyophilisation est de 60%. La viabilité des souches doit être suivie pour une période plus longue pour évaluer la performance des méthodes à garder l'intégrité cellulaire des souches.

9. Rendement de la clarification du kombucha

Avoir un champignon brun flottant sur le kombucha n'est pas convenable pour consommateurs désireux d'une boisson limpide nutritive et de bonne saveur. Jusqu'à ces jours, le rôle de la flore du kombucha dans la colonisation du système gastro-intestinal n'est pas encore déterminé [24].

Afin de préserver les caractéristiques de la boisson et ses effets biologiques, une stérilisation à froid avec de faibles valeurs de pression séparant les particules en suspension par exclusion selon leur taille peut servir.

Un travail de clarification du kombucha produit à base de la figue de barbarie [105] a utilisé la microfiltration pour clarifier le produit fini. Les qualités organoleptiques et nutritionnelles non pas été altérées.

La microfiltration permet de retenir les germes. La flore microbienne ne peut pas traverser les membranes au seuil de coupure de 0.45µm. Une étude du diamètre moyen des pores de la membrane montre que le diamètre de 0,2 µm est suffisant pour que le filtrat recueilli soit biologiquement stable et conforme aux normes en vigueur (moins de 10 germes par litre), sans nuire à la qualité du produit final.

45 min ont permis de filtrer un litre du kombucha en utilisant la membrane en céramique à 0,008 m^2 de surface et de 0,45 de diamètre des pores. Le flux de passage à travers la membrane a diminué de 2.1 L/h/m^2 à 1.25 L/h/m^2 au bout de ces 45 min.

Bien que la filtration est tangentielle et le phénomène de colmatage observé dans les filtrations frontale est évité, le flux de passage à travers la membrane peut se retarder sans nuir à la qualité du produit fini obtenu.

Conclusion et perspectives

Dans ce travail, un starter de souches pures, sélectionnées pour leurs potentialités technologiques à donner un maximum de métabolites, a servi d'inoculum pour la fermentation de l'infusion du thé noir.

La production du thé kombucha a été conduite dans un fermenteur à l'échelle laboratoire dans un réacteur de 1 L en implantant un système submergé contrôlant l'aération et l'agitation et maintenant la température à 28°C.
Une augmentation de la production à l'échelle pilote dans un fermenteur de 10 L dans les mêmes conditions d'agitation et d'aération a eu lieu par la suite.

Tout au long du cycle de production, des prises d'essai ont été effectuées afin d'évaluer d'une part la variation des paramètres physicochimiques. Et d'autres part la dégradation des substrats et l'apparition des nouveaux produits sous l'action de la microflore, les levures *Brettanomyces* et les bactéries acétiques *Gluconacetobacter*.

La fermentation est tenue en 5 jours dans ce travail et dure 14 jours dans des conditions statiques pour le kombucha commercialisé par « KSAR PRODUCTION ». La productivité globale d'éthanol en fin de la production est de l'ordre de 1.57 g/L/J pour le fermenteur de 10 L et de 2.75 dans celui de 1 L. Elle est moins importante de 1 g/L/J pour le produit commercialisé à cause de la durée plus longue d'incubation.

Pareil pour la productivité en acide acétique, elle est 5 fois plus importante pour le fermenteur de 10 L par rapport à celle du kombucha commercialisé.

La complexité des voies métaboliques donnant divers composés et les interactions entre les levures et les bactéries acétiques expliquent la différence entre les rendements théoriques de conversion du glucose en éthanol et de l'éthanol en acide acétique et les rendements expérimentales obtenus dans ce travail.

L'utilisation des souches sélectionnées dans des conditions contrôlées a permis d'avoir un rendement de production plus important dans une durée plus courte.

Une évaluation des activités biologiques du thé kombucha produit au cours de ce travail a été réalisée en suivant l'activité antioxydante et l'activité antifongique.

Les polyphénols du thé ont une activité antiradicalaire importante due à sa richesse en catéchines et ses dérivés. Cette activité est encore amplifiée par l'action de la fermentation. Des radicaux libres synthétiques le DPPH et l'ABTS ont été utilisé pour caractériser la capacité des antioxydants contenus dans le thé kombucha à les piéger. Ces antioxydants exprimés en équivalent de trolox croissent en fin de la fermentation, témoignant une évolution de l'activité antioxydante.

La coloration de la préparation a subit des variations dues à la dégradation des polyphénols totaux et à l'apparition d'autres composés.

Quant à l'activité antifongique, dirigée contre les *Aspergillus,* a montré une action inhibitrice par les souches *Brettanomyces* et *Gluconacetobacter* et par le starter combinant les deux.

Une contamination par *Aspergillus* est susceptible d'avoir lieu accidentellement lors de la production industrielle du kombucha. Partir d'un starter ayant une activité antifongique peut présenter une alternative technologique pour faire face à tel risque.

Le starter utilisé dans de projet a été conservé par une congélation et par une lyophilisation et la viabilité des souches a été testé après une semaine de conservation. La congélation a donné un taux de viabilité plus important.

Quant au produit fini, il a été clarifié par une microfiltration afin de le stabiliser microbiologiquement et le rendre plus appréciable à consommer, car avoir une boisson surnagée par des fibres de cellulose n'est pas convenable au consommateur.

En perspective, une étude de suivi de la viabilité des souches après la conservation et leur utilisation dans un fermenteur industrielle de 100L peut compléter ce travail.

Ainsi une détermination des doses inhibitrices des champignons et une valorisation de la cellulose formée pour des fins d'emballages agroalimentaires, cosmétiques et pharmaceutiques peuvent compléter ce travail.

Annexes

Annexes

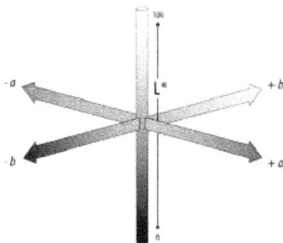

Annexe1 : Les 3 echelles L* a* b* de l'expression de la couleur

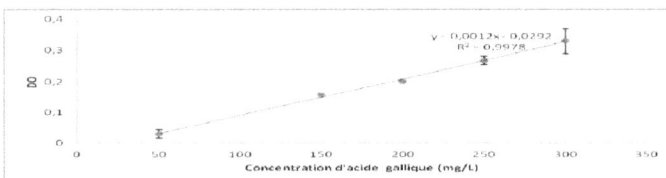

Annexe 2 : Courbe étalon pour le dosage des polyphénols totaux

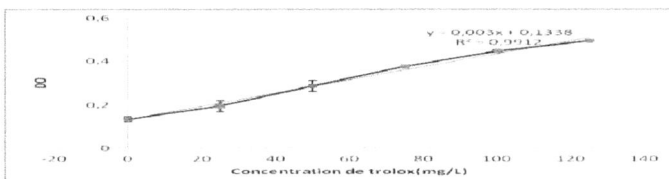

Annexe 3 : Courbe étalon ABTS

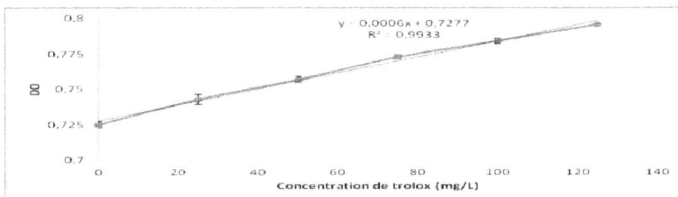

Annexe 4 : Courbe étalon DPPH

Annexes

Fiche d'évaluation sensorielle

du Thé Noir Kombucha

Date :

Age :

Sexe :   F ☐   M ☐

Vous disposez de 3 échantillons de thé kombucha; classez ces 3 produits sur une échelle allant du plus faible au plus intense, des différents descripteurs mentionnés ci après.

Pour ce faire veuillez à ce que vous respecter l'ordre de dégustation de ces produits : X, M et B ensuite les comparer entre eux.

PARTIE 1 : ASPECT VISUEL

1. **Couleur**

Evaluez la couleur selon l'intensité du rouge : rouge clair (faible) et rouge sombre (fort)

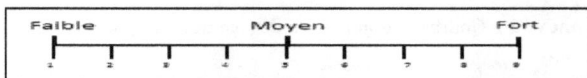

Faible	Moyen	Fort
1 2 3 4 5 6 7 8 9		

2. **Aspect visqueux**

Evaluer la consistance du produit visuellement par rapport à l'eau en remuant le flacon : faible (eau) ;   visqueux (fort)

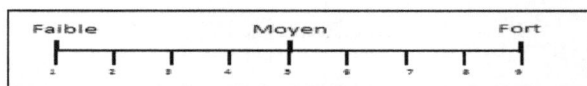

Faible	Moyen	Fort
1 2 3 4 5 6 7 8 9		

PARTIE 2 : ASPECT OLFACTIF

3. **Odeur**

Ouvrez le bouchon des flacons et sentez directement le produit. Evaluer le produit sur deux critères : fruité (cidre ou autre) et piquant (acide et ou alcool) sur deux échelles séparées

Annexes

Caractère fruité

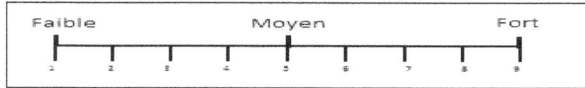

Faible	Moyen	Fort
1 2 3 4 5 6 7 8 9		

Caractère piquant

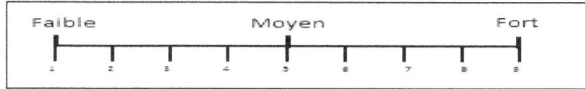

Faible	Moyen	Fort
1 2 3 4 5 6 7 8 9		

PARTIE 3 : ASPECT GUSTATIF

4. Saveur

Classez ces produits selon le goût sucré :

Goût sucré

Faible	Moyen	Fort
1 2 3 4 5 6 7 8 9		

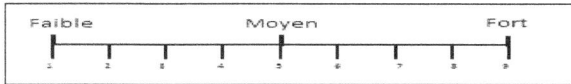

Classez ces produits selon la consistance en bouche faible (eau) ; caramel (fort)

Consistance en bouche

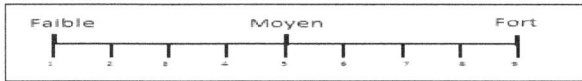

Faible	Moyen	Fort
1 2 3 4 5 6 7 8 9		

5. Pétillance

Classez ces produits selon la présence de gaz dans le produit : faible (sans dégagement gazeux) et fort (effervescent)

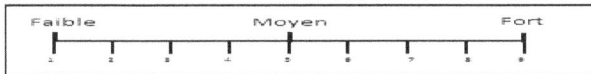

Faible	Moyen	Fort
1 2 3 4 5 6 7 8 9		

Autres observations :

Merci pour votre collaboration

59

Appréciation générale

Classez ces 3 produits selon votre préférence globale à la consommation

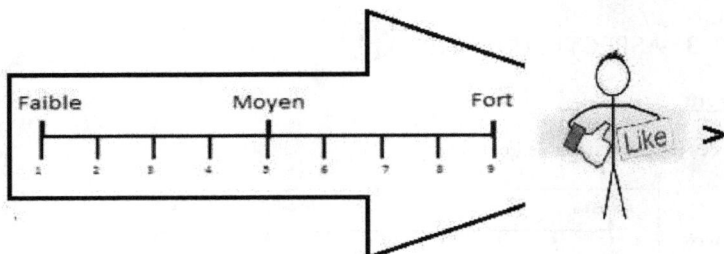

Annexe 5: Fiche de l'analyse sensorielle

Références bibliographiques

Référéneces bibliographiques

[1] **Lin I M., Juan Y L., Chen Y C., Liang J K.**, Composition of polyphenols in fresh tea leaves and associations of their oxygen-radical-absorbing capacity with antiproliferative actions in fibroblast cells , Journal of Agricultural and Food Chemistry, **44** (1996) , 1387–1394.

[2] **Carloni P., Tiano L. , Padella L., Bacchetti T., Customu C., Kay A., Damiani L.**, Antioxidant activity of white, green and black tea obtained from the same tea cultivar, Food Research International **53** (2013), 900–908.

[3]**Turkmen N.,Sari F., Sedat V.**, Effects of extraction solvents on concentration and antioxidant activity of black and black mate tea polyphenols determined by ferrous tartrate and Folin–Ciocalteu methods, Food Chemistry (2006) **99** ,835–841.

[4] **FAO.** Production / ProdStat / Crops. by Food and Agriculture Organisation of the United Nations (2007). from http://faostat.fao.org/.

[5] **Delmas F X., Minet, M .,** Le guide de dégustation de l'amateur de thé. Les éditions du Chêne, Paris, (2007). p 239.

[6] **Luczaj W., Skrzydlewska E.**, Antioxidative properties of black tea. Prev. Med., **40 (6)** (2005), 910-918.

[7] **Engelhardt U H.**, Chemistry of Tea, Comprehensive Natural Products II, **3**, (2010), 999-1032

[8] **Nkhili Z.**, Polyphénols de l'Alimentation : Extraction, Interactions avec les ions du Fer et du Cuivre, Oxydation et Pouvoir antioxydant, Laboratoire, Sciences des Aliments, Faculté des Sciences Semlalia, Marrakech , UMR A 408 UAPV-INRA, Sécurité et Qualité des Produits d'Origine Végétale, Avignon, Génie de l'environnement (2009), P 10-16.

[9] **Jayabalan R., Marimuthu S., Swaminathan K.**, Changes in content of organic acids and tea polyphenols during kombucha tea fermentation, Food Chemistry (2007) **102** , 392–398.

[10] **Lambert J D., Yang, C. S.**, Cancer chemopreventive activity and bioavailability of tea and tea polyphenols. Mutation Research, **9474** (2003), 1–8.

[11] **Obanda M., Owuor P O., Mang'oka, R.**, Changes in thearubigen fractions and theaflavins levels due to variations in processing conditions and their effects on black tea liquor brightness and total colour. Food Chemistry, **85** (2004), 163–173.

[11] **Sumit B., Shivani C., Manu S., Suthar S K., Sandeep L., Varun B., Navneet S., Saras J.**, Tea: A native source of antimicrobial agents ,Food Research International (2013), **53** , 568-584

[13] **Elisabeth V**., Aliments et boissons : Filières et produits. Série Sciences des aliments (1999).

[14] **Rietveld A., Wiseman S.**, Antioxidant effects of tea: Evidence from human clinical trials. Journal of Nutrition, (2003) , **133(10),** 3285S–3292S.

[15]**Da Silva R J.M., Darmon N., Fernandez Y., Mitjavila S.**, Oxygen free radical scavenger capacity in aqueous models of different procyanidins from grape seeds. Journal of Agricultural and Food Chemistry (1991), **39**, 549-1552.

[16] **Benzie I. F., Strain J.** The ferric reducing ability of plasma (FRAP) as a measure of antioxidant power: The FRAP assay. Analytical Biochemistry (1996), **239**, 70-76.

[17] **Re R., Pellegrini N., Proteggente A., Pannala A., Yang M., Rice- Evans C.**

Références bibliographiques

Antioxidant activity applying an improved ABTS radical cation decolorization assay. Free Radical Biology and Medicine (1999), 26, 1231-1237.

[18] **Sharma Om P., Bhat T.K.**, DPPH antioxidant assay revisited. Food chemistry (2009), 113 (**4**), 1202.

[19] **Luximon-Ramma A ., Theeshan B., Alan C., Virginia Z., Krishna P. D., David T. D., Okezie I. A.**, Characterization of the antioxidant functions of flavonoids and proanthocyanidins in Mauritian black teas, Food Research International (2005) 38, 357–367

[20] **Di Carlo G1., Mascolo N, Izzo AA, Capasso F**, Flavonoids: old and new aspects of a class of natural therapeutic drugs, Life Sci. (1999) ;**65(4)**:337-53.

[21] **Agrawal A D.**, Pharmaceutical activities of flavonoîdes: A review, International Journal of Pharmaceutical Sciences and Nanotechnology (2011) volume 4, Issue 2.

[22] **Dufresne, C. and Farnworth, E.**, Tea, Kombucha and health: a review, Food Research International(2000), 33: 409–421.

[23] **Liu C.-H, Hsu W.-H.**, The isolation and identification of microbes from a fermented tea beverage,Haipao, and their interactions during Haipao fermentation. Food Microbiology(1996), **13**, 407–415.

[24] **Yang X., Hang Z., Min Z., Chun-J L., Xue-Z L., Jun S., Wei S.**, Variations of Antioxidant Properties and NO Scavenging Abilities during Fermentation of Tea, Int. J. Mol. Sci. (2011).

[25] **Patricia C., Luca T., Lucia P., T, Chisomo C.,Alexander K., Elisabetta D.**, Antioxidant activity of white, green and black tea obtained from the same tea cultivar, Food Research International (2013) **53** , 900–908.

[26] **Kwanashie H.O., Usman, H., Nkim, S.A.**, Biochem. Soc. Transac (1989)17: 1132-3.

[27] **Balentine D A.**, kombucha and health : a review . Food Research International **33** (2000) 409-421

[28] **Roche, J.** The history and spread of Kombucha. (1998) http://w3.trib.com_kombu/roche.html

[29] 58**Murugesan, G., Sathishkumar M.,, Jayabalan R.,. Binupriya A R, Swaminathan K., Yun S E.**, Hepatoprotective and Curative Properties of Kombucha Tea Against CarbonTetrachloride-Induced Toxicity, J. Microbiol. Biotechnol. (2009), **19(4)**, 397–402.

[30] **CavusogluK., Guler P.**, Protective effect of kombucha mushroom (KM) tea on chromosomal aberrations induced by gamma radiation in human peripheral lymphocytes in-vitro, Journal of Environmental Biology, (2010) **31(5)** 851-856.

[31] **Thummala S., Ramachandran A.,, Jagadeesan A., Uppala S.**, Downregulation of signalling molecules involved in angiogenesis of prostate cancer cell line (PC-3) by kombucha (lyophilized), Biomedicine & Preventive Nutrition (2013) , **3**, 53–

[32] **Roussin, M.** Kombucha (1999). research.com. http://www.kombucharesearch.com

[33] **Houda B., Amina B., Emna A.**, antimicrobial effect of Kombucha analogues, Food Science and Technology (2012) **47** , 71-77

[34] **Sreeramulu G., Zhu Y., Knol W.**, Kombucha fermentation and its antimicrobial activity. J. Agr. Food Chem. (2000). **48**: 2589-2594.

Références bibliographiques

[35] **Steinkraus, K. H., Shapiro, K. B., Hotchkiss, J. H., & Mortlock, R. P,** Investigations into the antibiotic activity of tea fungus/kombucha beverage. Acta Biotechnologica, (1996) **16**, 199-205.

[36] **Matsuda, T., Yano, T., Maruyama, A., & Kumagai, H.** Anti-microbial activities of organic acids determined by minimum inhi-bitory concentrations at different pH ranged from 4.0 to 7.0. NipponShokuhin Kogyo Gakkaishi , Journal of the Japanese Society of Food Science Technology, (1994). 41, 687±702.

[37] **Frank W G.,** Combucha: la boisson au champignon de longue vie, instructions ratiques de préparation et d'utilisation, $8^{\text{ème}}$ édition élargie (2006) copyright by Enshaler Verlag,Steyr.

[38] **Stamets, P.** My adventures with the blob. The Mushroom Journal. (1995)Winter Issue: 5-9

[39] **Petro, B. A.** The Book of Kombucha. Ulyssis Press, Berkely, California. (1996)

[40] **Pauline, T., Dipti, P., Anju, B., Kavimani, S., Sharma, S. K., Kain, A. K.,** Studies on toxicity; anti-stress and hepatoprotective properties of kombucha tea. Biomedical and Environmental Sciences(2001), **14(3)**, 207-213.

[41] **Fontona J D., Franco V.C de Souza J., Lyral N de Souz A M,** Nature of plant stimulators in the production of *Acetobactér xylimum* (tea fungus) biofilm used in skin therapy;App;Biochem.biotechnol (1991)..28/29, 341-351 .

[42] **Sievers,K.E, Lanini,C., Weber,A., Schuler-Schmid, U , Teeuber,M.,** Microbiology and fermentation balance in kombucha beverage obtained from a tea fungus fermentation. Systems Applied Microbiology (1995);**18**,590-594.

[43] **Malbas`a.R, E. Lonc`ar, M. Djuric`.,** Comparison of the products of Kombucha fermentation on sucrose and molasses, Food Chemistry (2008) **1061**, 039–1045.

[44] **Reiss, J.** Influence of different sugars on the metabolism of the tea fungus. Z. Lebens.Unters. Forsch. (1994) **198**, 258–261 .

[45] **Chen, C., & Liu, B. Y..** Changes in major components of tea fungus metabolites during prolonged fermentation. Journal of Applied Microbiology (2000),**89**, 834–839.

[46] **Jayabalan.R., Malini.K., Kesavan M., Muthuswamy S., Krishnaswami S., and Sei-Eok Y.,** Biochemical Characteristics of Tea Fungus Produced During Kombucha Fermentation, Food Sci. Biotechnol. (2010) **19(3)**: 843-847.

[47] **Cannon, R. E., & Anderson, S. M.** Biogenesis of bacterial cellulose. Critical Reviews in Microbiology, (1991). **17(6)**, 435–447.

[48] **Okiyama, A., Motoki, M., & Yamanaka, S.** Bacterial cellulose II. Processing of the gelatinous cellulose for food materials. Food Hydrocolloids (1992)., 6(5), 479e487.

[49] **Pae, N.** Rotary discs reactor for enhanced production of microbial cellulose.Universiti Teknologi Malaysia, Faculty of Chemical and Natural ResourceEngineering. (2009).

[50] **Blanc, P. J.** Characterization of the tea fungus metabolites.Biotechnol. Lett. (1996),**18**, 139-142

[51] **Frank W G.,** Combucha: la boisson au champignon de longue vie, instructions pratiques de préparation et d'utilisation, $8^{\text{ème}}$ édition élargie 2006, copyright by Enshaler Verlag,Steyr.

[52] **Hobbs, C.,** Kombucha Manchurian Tea Mushroom: The Essential Guide. Botanica Press, Santa Cruz (1995).

Références bibliographiques

[53] **Lapuz, M. M., Gallardo, E. G. and Palo, M. A.** The nata organism—culture requirements, characteristics, and identity. J. Philippine Sci. (1967) **2**, 91–109.

[54] **Florensco, N. C.,** ferments solubles. Bulletin Faculty Stiinte Cernaute, (1931). 5, 1–14.

[55] **Chatonnet, P., Dubourdieu, D., Boidron, J. & Pons, M.,** The origin of ethylphenols in wines. J.Sci. Food Agric. (1992)**60**, 165–178.

[57] **Liu C.-H, Hsu W.-H.,** The isolation and identification of microbes from a fermented tea beverage,Haipao, and their interactions during Haipao fermentation. Food Microbiology, (1996)13, 407–415.

[58] **Marsh AJ, O'Sullivan O.,** Sequence-based analysis of the bacterial and fungal compositions of multiple kombucha (tea fungus) samples., Food Microbiol(2013). **38**:171-8

[59]**Licker, J.L A., T.E et Henick-K T.,** What is "Brett"(Brettanomyces) flavor? Chem.Wine.Ant.v. leeuwen. Int,J.Gen. Molec. Microbiol.(1998) **76**,317-331.

[60] **Gilliland, R.B.,.** Brettanomyces I. Occurrence, characteristics, and effects on beer flavour. J. Inst.Brew.(1961) **67**, 257-261.

[61] **Kurtzman, C.P. & Fell, J.W.,**(4th ed. revised). The yeasts. A taxonomic study. Elsevier Science Publisher BV, Amsterdam, The Netherlands(2000.)

[62] **Millet,V., Lonvaud-Funel,A.,** The viable but non-culturable state of wine microorganisms during storage.Lett.Appl.Microbial. (2000) **30**, 136-141.

[63] **Suàrez,R, Suàrez-Lepe, J,A, Morata, A, Calderon,F.**The production of ethlphenols ine wine by yeast of the genera *Brettanomyces* and *Dekkera*: A review.Food Chem, (2007)102,10-21

[64] **Van der Walt, J.P.,.** Dekkera van der Walt. In: Kreger-van Rij, N.J.W. (ed). The Yeasts: ATaxonomic Study. Elsevier Science Publishers, Amsterdam, the Netherlands, (1984) pp. 146-150.

[65] **Cocolin, L., Rantsiou, K., Iacumin, L., Zironi, R. & Comi, G.,** Molecular detection and identification of Brettanomyces/Dekkera bruxellensis and Brettanomyces/Dekkera anomalus in spoiled wines. Appl. Environ. Microbiol. (2004), 70, 1347–1355.

[66] **Conterno ,L Joseph,C ,M, L Arvik T.J, Henick, T and Bisson,L.F,.**Genetic and physiological characterization of *Brettanoyces bruxellensis* strains isolated from wines.Am.J.Enol. Vitic ; (2006) **57**,139-147.

[67] **Géros M., Poblet, A., Mas, Guillamon J.M.,** Enumeration and detection of acetic acid bacteria by real-time PCR and nested PCR,FEMS Microbiology Letters (2000), 254. 123–128

[68] **Peynaud.E et Domerco.S,** 1956, Sur les *Brettanomyces* isolés de raisins et de vins, Archiv für Mikrobioloe, Bd.24, S 266-280

[69] **Aguilar.U Barata, A., Nobre, A., Correia, P., Malfeito-Ferreira, M. & Loureiro, V.,** 2006. Growth and 4 ethylphenol production by the yeast Pichia guilliermondii in grape juices. Am. J. Enol. Vitic. **57**, 133-138.

[70] **Gaunt U., Srinivasan R., Smolinske S., Greenbaum, D**. Probable gastrointestinal toxicity of Kombucha Tea. Journal of General Internal Medicine (1997) **12**: 643-644

[71] **Navarre C., Barbin J.,** Contrôle et élements de maîtrise de la contamination par la levure Brettanomycess au cours du processus de viniication en rouge. Thèse INSTITUT National Polytechniique de Toulouse 2006.

[72] **Díaz-Ruiza R., Avéret N, Devina A., S Uribeb, Rigouleta M .,** The mechanisms leading to the Crabtree effect in fermenting yeast, Biochimica et Biophysica Acta 1777 (2008) S2–S111

Références bibliographiques

[73] **Dijiken V., Walt Van., J.P.,. Dekkera van der Walt**. In: Kreger-van Rij, N.J.W. (ed). The Yeasts: ATaxonomic Study. Elsevier Science Publishers, Amsterdam, the Netherlands, 1984 pp. 146-150.

[74] **ASAI T.**, Acetic Acid Bacteria: Classification and Biochemical Activities. Tokyo: University of Tokyo Press (1968)

[75] **Pasteur. L**, « Sur les ferments », Bulletin de la Société chimique de Paris, séance du 12 avril1861, p. 61-63. (Résumé.) Œuvres complètes de Pasteur, vol. 2, Paris, 1922, pp. 40–141

[76] **JiaJia W., Gullo M., Chen F., Giudici P.**, Diversity of Acetobacter pasteurianus Strains Isolated From Solid-State Fermentation of Cereal Vinegars, Curr Microbiol (2010) **60**:280–286.

[77] **Gonzales, A.** Application of molecular techniques for identification of acetic acid bacteria. PhD thesis, Universitat Rovira I Virgili, Tarragona, Spain (2005).

[78] **BrownR. Jr M.,.** Emerging technologies and future prospects forindustrialization of microbially derived cellulose. In Harnessingbiotechnology for the 21st century, proceedings of the 9th International BiotechSymposium and Exposition (pp. 76e79). Crystal City, Va: (1992). American ChemicalSociety (ACS).

[79] **SIEVERS M., JEAN S.**, Genus VIII. Gluconacetobacter Yamada, Hoshino, and Ishikawa 1998b, 32VP

[80] **Gonzalez N., Hierro M., Poblet A., Mas, J., Guillamon M.**, Enumeration and detection of acetic acid bacteria by real-time PCR and nested PCR,FEMS Microbiology Letters, (2006) 254. 123–128

[81] De Ley J, Gillis, M, Acetobacteriaceae in Bergy's Manual of Systimatic Bacterilogy (1984),1, 267-278

[82] **Fontona,J.D., Franco V.C de Souza,S,J., Lyra,I.N de Souza,A,M**, Nature of plant stimulators in the production of Acetobactér xylimum (tea fungus) biofilm used in skin therapy;App;Biochem.biotechnol. (1991).28/29, 341-351

[83] **Fisher,K., William E. Newton**, , Nitrogenase proteins from *Gluconacetobacter diazotrophicus*, a sugarcane-colonizing bacterium, (2005)Volume 1750, Issue 2, 30 Pages 154–165

[84] **Matsushita K., H. Toyama, O. Adachi**, Respiration chains and bioenergetics of acetic acid bacteria Advances in Microbial Physiology, (1994,)36 ; 247–301

[85] **Weenk G., Olijve W., Harder W., Ketogluconate** formation by *Gluconobacter* species,Applied Microbiology and Biotechnology, (1984) **20** , 400–405

[86] **Mayser, P., Fromme, S., Leitzmann, C., & GruÈ nder, K.** (1995). The yeast spectrum of the ``tea fungus kombucha". Mycoses, 38, 289±295.

[87] **Swings J.**, The genera Acetobacter and Gluconobacter,A. Balows, H.G. Trüper, M. Dworkin, W. Harder, K.-H. Schleifer (Eds.), The prokaryotes (2nd ed.), Springer-Verlag, New York, NY . 1992 2268–2286

[88] **Phan, T. G., Estell, J., Duggin, G., Beer, I., Smith, D., & Ferson, M. J.** Lead poisonning from drinking Kombucha tea brewed in a ceramic pot. Medical Journal of Australia, (1998). 169, 644±646.

[89] **Mayser, P., Fromme, S., Leitzmann, C., & GruÈ nder, K.** The yeast spectrum of the ``tea fungus kombucha". Mycoses, (1995). 38, 289±295.

Références bibliographiques

[90] **Lina K., Véronique D., Moktar H., Pierre S., El Hassan A.**, Insights into the fermentation biochemistry of Kombucha teas and potential impacts of Kombucha drinking on starch digestion, Food Research International **49** (2012) 226–232.

[91] **Jayabalan R , S. Marimuthu , K. Swaminathan**, Changes in content of organic acids and tea polyphenols during kombucha tea fermentation, Food Chemistry (2007), **102** , 392–398.
[92] **LONC E.** ˇ AR , INFLUENCE OF WORKING CONDITIONS UPONKOMBUCHA CONDUCTED FERMENTATION OF BLACK TEAFood and Bioproducts Processing, (2006) 84(C3): 186–192 ,Serbia and Montenegro

[93] **Radomir V., Malbaša.R, Eva S. Lončar, Mirjana S. Djurić,Ljiljana A**. Kolarov and Mile T. Klašnja ,2005, BATCH FERMENTATION OF BLACK TEA BY KOMBUCHA: A CONTRIBUTION TO SCALE-UP, BIBLID: 1450–7188, 36, 221-229
[94] Chen, C., & Liu, B. Y. Changes in major components of tea fungus metabolites during prolonged fermentation. Journal of Applied Microbiology, (2000). **89**, 834–839.
[95] **Sreeramulu G, Zhu Y, Knol W**(2000). Kombucha fermentation and its antimicrobial activity. J. Agr. Food Chem. 48: 2589-2594

[96] **Che Chu S., Chen C.**, Effects of origins and Fermentation time on the antioxidant activities of kombucha, Food Chemistry 98 (2006) 502–507

[97] **Greenwalt, C. J., Ledford, R. A., Steinkraus, K. H.** (1998). Determination and characterization of the anti-microbial activity of the fermented tea Kombucha. http://www.nysaes.cornell.edu/ift_inter-nationnal/Antibiotic.html.

[98] **Dragoljub C, Markov S.,, Mirjana DjuricDragisˇa S., Velic´anski A.**, Specific interfacial area as a key variable in scaling-up Kombucha fermentation, (2008)Journal of Food Engineering 85, 387–392

[99] **Tesfaye, W., Morales, M. L., García-Parrilla, M. C., & Troncoso, A. M.** (2002c).Evolution of phenolic compounds during an experimental aging in wood of sherry vinegar. Journal of Agricultural and Food Chemistry, 50, 7053–7061.
[100] **De Ory L, Romero LE, Cantero D.** 1999. Maximum yield acetic acid fermenter. Bioprocess Engineering 21: 187-190.
[101] **Ziadi M., Touhami Y., Achour M., Thonartb Ph., Hamdi M.**, The effect of heat stress on freeze-drying and conservation of Lactococcus, Biochemical Engineering Journal (2005), **24**, 141–145.

[101]**R.M. Callejóna, W. Tesfayea, M.J. Torija , A. Mas , A.M. Troncosoa, M.L.** Morales ,Volatile compounds in red wine vinegars obtained by submerged and surfaceacetification in different woods Food Chemistry 113 (2009) 1252–1259
[102] **Radomir V. Malbaša , Eva S. Loncˇar, Jasmina S. Vitas, Jasna M. Cˇ anadanovic´-** Brunet (2011), Influence of starter cultures on the antioxidant activity of kombucha beverage, Food Chemistry 127 .1727–1731.

[103] **Siniša MARKOV, Dragoljub CVETKOVIĆ, Branka BUKVIĆ**, USE OF TEA FUNGUS ISOLATE AS STARTER CULTURE FOR OBTAINING OF KOMBUCHA, ANNALS OF THE FACULTY OF ENGINEERING HUNEDOARA – 2006 TOME IV. Fascicole 3

Références bibliographiques

[104] **Srihari T., Satyanarayana U.,** Changes in Free Radical Scavenging Activity of kombucha during Fermentation, J. Pharm. Sci. & Res (2012), Vol.4(11), 1978 – 1981

[105] **BEN RHOUMA.H** Mémoire de PFE, Biologie Industrielle, INSAT, 2012

[106] **Kappeli O.**, Regulation of carbon metabolism in *Saccharomyces cerevisiae*and related yeasts. Adv Microb Physiol , (1986) 28: 181–209